OFFICE SCIENTIFIQUE ET TECHNIQUE
DES PÊCHES MARITIMES
3, AVENUE OCTAVE-GRÉARD — PARIS

NOTES ET MÉMOIRES
N° 41

RECHERCHES
SUR LES
transformations et la nature de l'Iode des Laminaria flexicaulis

PAR

M. P. FREUNDLER
et Mlles Y. MÉNAGER, Y. LAURENT
et J. LELIÈVRE

Ed. BLONDEL LA ROUGERY, Éditeur
7, Rue Saint-Lazare, 7
PARIS
Janvier 1925

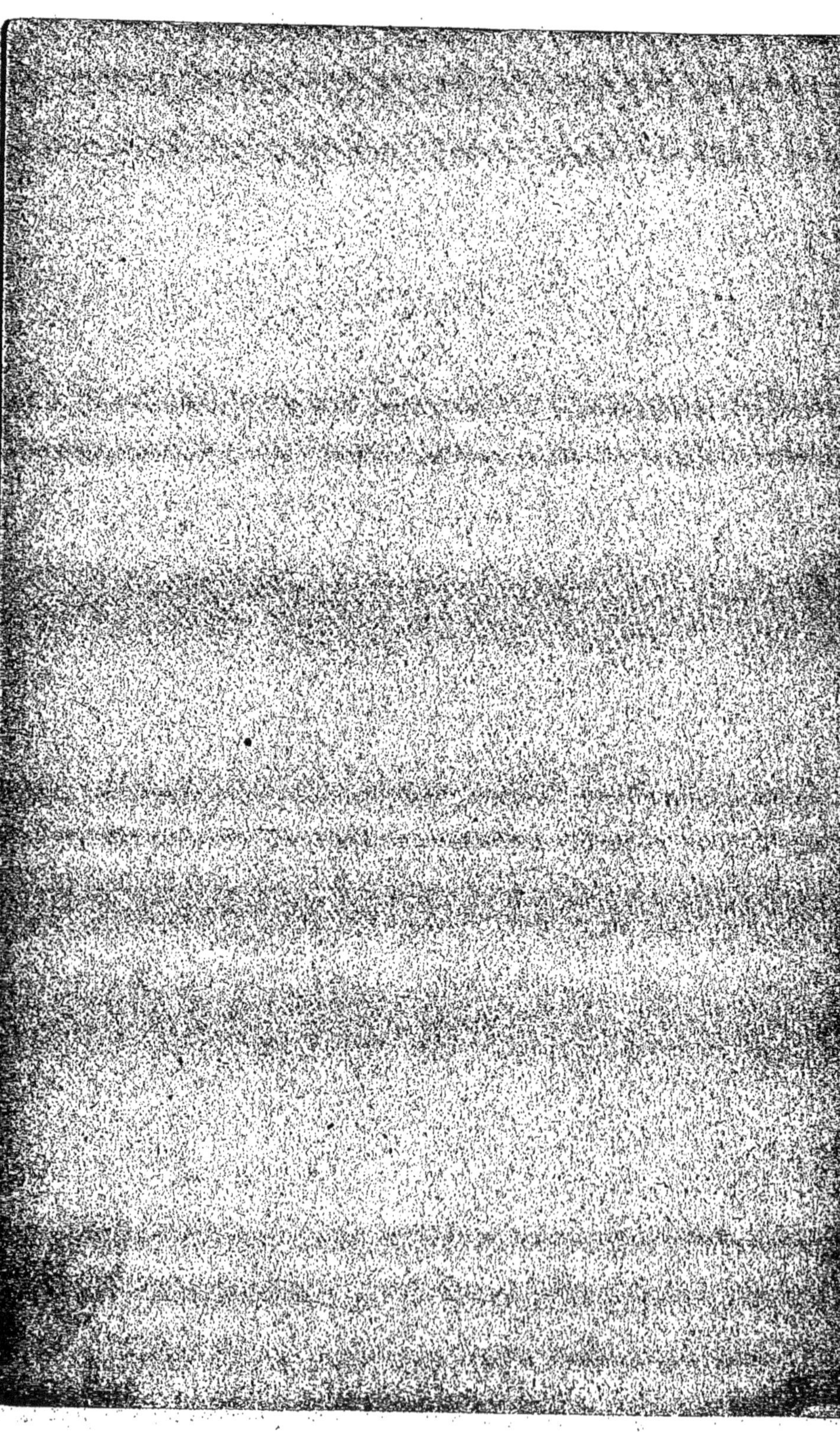

INTRODUCTION

Les recherches publiées dans notre dernier Mémoire (1) *ont abouti à la conclusion que la teneur en iode des algues est intimement liée à la vie de ces dernières, et que, spécialement chez les Laminaires vivaces qui le concentrent spécifiquement à un haut degré, cet iode joue le rôle d'une substance de réserve. Des observations générales ont montré que les facteurs qui règlent l'évolution biologique des algues (température et salinité de la mer, saison, conditions météorologiques, etc.), influent aussi sur leur teneur en iode. Toutefois, des variations d'un ordre absolument différent ont été observées dans des conditions excluant toute erreur analytique et tout échange avec le milieu ambiant; ces variations étaient restées jusqu'alors inexplicables.*

En 1923, *il nous a été possible, grâce à une installation de fortune, d'étudier sur des algues fraîches les variations dont il vient d'être question, et bien que nos recherches soient encore loin d'être terminées, il est permis d'affirmer aujourd'hui que, pour une même espèce, et pour une même région, la teneur en* iode total *est une constante; en revanche une partie de cet iode subit dans l'algue vivante, par l'intervention de la lumière et des propriétés de l'azote protoplasmique, une transformation réversible si profonde que la partie* dissimulée *échappe à toutes les méthodes de recherche et de dosage qui s'appliquent à l'iode normal. Si l'on excepte, provisoirement du moins, la période de sporulation, on constate en effet que la quantité d'iode total, rapportée soit aux tissus secs, soit à l'eau d'hydratation, varie peu avec la saison, au cours d'une année normale; de cette observation découle immédiatement la notion d'un équilibre dynamique avec le milieu ambiant; cet équilibre est la conséquence directe de l'homogénéité cellulaire de la matière protoplasmique, siège des phénomènes de concentration spécifique.*

Il en résulte que la plupart des variations observées jusqu'ici dans la teneur en iode doivent être attribuées à la dissimulation d'une partie de cet élément, dissimulation dont le degré et la stabilité varient avec la saison, c'est-à-dire

---

(1) *Recherches sur la variation de l'iode chez les principales Laminaires de la côte bretonne*, par M. P. Freundler et Mlles Y. Ménager et Y. Laurent. Notes et mémoires publiées par l'Office scientifique et technique des Pêches maritimes, nº 26, Février 1923.

avec les phases de la vie de l'algue, et qui correspond à une forme non encore signalée de réserve physiologique.

La nature même de cet iode de réserve est restée jusqu'à ces derniers temps absolument mystérieuse; aujourd'hui seulement nos expériences nous ont amené à une conception du phénomène qui se précise de jour en jour et qui commence à être confirmée par des arguments synthétiques, les preuves analytiques étant absolument insuffisantes en pareil cas.

Les expériences et les observations qui vont être décrites aussi brièvement que possible, se rapportent exclusivement aux Laminaria flexicaulis *chez lesquels le phénomène de dissimulation se manifeste au maximum. Elles ont porté à peu près sans interruption sur les récoltes effectuées aux grandes marées comprises entre la fin d'août* 1923 *et la fin d'octobre* 1924. *Toutes les algues examinées provenaient de la partie ouest de la baie de Saint-Brieuc (Iles Saint-Quay et Ile de Bréhat); cependant, grâce à la bienveillance de M. le Prof. Caullery, nous avons pu, en novembre dernier, examiner comparativement les* L. flexicaulis *de la région de Wimereux, qui ne paraissent pas différer essentiellement des Laminaires bretonnes. Il en est résulté néanmoins une confirmation de nos observations antérieures, à savoir que la richesse en iode des algues vivant dans des eaux froides ou à température variable, est bien supérieure à celle des algues baignées constamment par l'eau océanique (Roscoff).*

Certaines observations d'ordre général ont été faites durant cette période; les unes se rapportent à l'influence des conditions météorologiques anormales (pluies abondantes aux périodes de grandes marées); elles s'appliquent surtout à la région des Iles Saint-Quay où l'émersion des L. flexicaulis *est plus accentuée que partout ailleurs, et où, en conséquence, l'action nocive de l'eau douce sur les algues s'est manifestée d'une façon plus marquée; les autres observations ont trait à l'évolution même des* L. flexicaulis, *et autoriseraient à rapporter à une sporulation bisannuelle, déjà signalée par certains auteurs, l'existence en un même gisement de deux types de* L. flexicaulis, *que d'autres botanistes considèrent au contraire comme des variétés différentes* (L. digitata et stenophylla).

Au point de vue chimique, la première partie de notre travail, et la plus considérable, a consisté à déterminer les facteurs qui influent sur le retour de l'iode dissimulé à l'iode normal. Ces facteurs sont, pour des échantillons conservés à l'abri de tout apport et de toute perte, avant tout la température, la concentration saline, la réaction du milieu et la présence ou l'absence de la zone stipofrondale dans laquelle existe indubitablement, au moins à certaines époques, une matière volatile qui tend à maintenir l'état de dissimulation. Cette zone stipofrondale qui constitue, pour la vie même de l'algue un point vital comparable au collet des plantes aériennes, est douée également d'une puissance remarquable de concentration et de dissimulation de l'iode; son action s'exerce non seulement sur le milieu ambiant par l'intermédiaire de la fronde, mais aussi sur les tissus de l'algue et provoque chez les échantillons non sectionnés, des actions à distance qui ont pour conséquence la survie plus ou moins longue de l'individu après sa sortie de la mer. C'est à ces actions qu'il faut attribuer les résultats incohérents obtenus par les nombreux auteurs qui, souvent par impossibilité de faire autrement, ont dosé l'iode dans des algues conservées après la récolte dans des conditions quelconques. Les chiffres deviennent extrêmement réguliers et concordants dès qu'on opère sur des individus vivants, c'est-à-dire à peine sortis de l'eau, ou sur des tissus sectionnés de suite et complètement morts, c'est-à-dire dans lesquels les déséquilibres immédiats provoqués par les traumatismes ont disparu.

Les facteurs mentionnés ci-dessus qui influent sur le retour de l'iode dissimulé à l'iode normal, sont ceux qui interviennent dans les phénomènes diastasiques, et en particulier dans l'autolyse des matières albuminoïdes. Or, nos observations tendent de plus en plus à démontrer que l'azote protoplasmique joue un rôle fondamental dans la dissimulation de l'iode, tant parce qu'il en permet la réalisation, que parce qu'il est indispensable à son maintien : le retour à l'iode dosable qui est le phénomène normal, coïncide toujours avec la destruction, partielle ou totale, chimique ou diastasique, de cette matière protoplasmique. La réversibilité de la dissimulation est possible tant que cette matière subsiste, à moins que, par un procédé brutal (dissociation par la chaleur), la séparation de l'iode et de l'azote ait été réalisée; dans ce dernier cas, on observe des phénomènes particuliers qui mettent en évidence la puissance d'isomérisation de cet azote protoplasmique. L'allure diastasique de l'accroissement de l'iode est donc due à une transformation de l'agent stabilisateur.

Pour déterminer la nature de l'iode dissimulé, il a fallu établir des méthodes de stabilisation temporaire de façon à permettre, par des traitements ultérieurs, de vérifier qu'il ne s'agissait pas simplement d'une perte d'iode par volatilisation ou par attaque incomplète des tissus. La question a été résolue d'une façon satisfaisante par l'adjonction aux méthodes de dosage primitivement utilisées (extraction par le bisulfite de chaux, incinération), d'un procédé de combustion intégrale en appareil clos, permettant de doser simultanément l'iode fixe des cendres et l'iode volatil. Nous avons pu ainsi analyser comparativement des échantillons identiques dont les uns étaient stabilisés par un chauffage immédiat, tandis que dans les autres, non chauffés, l'autolyse progressive de la matière azotée provoquait un retour partiel ou total de l'iode dissimulé à l'iode normal.

Des nombreuses combustions que nous avons faites, il est résulté, en accord du reste avec des expériences de dialyse, que l'iode normal existant dans les tissus de L. flexicaulis, *se trouve pour la presque totalité sous la forme d'un iodure alcalin (iodure de sodium probablement), parfaitement stable à la calcination ; cet iodure est lié d'une façon assez labile à la matière protoplasmique, l'algine, qui paraît devoir être rangée dans le groupe des glucoprotéides. L'iode volatilisé dans les combustions est toujours en quantité très faible, de l'ordre de 4 % en moyenne ; mais dans certains cas, parfaitement déterminés, il fait complètement défaut ; en revanche, on observe toujours ou presque toujours la formation d'un composé volatil de l'étain, qui, par ses propriétés, se rapproche beaucoup des hydrures d'étain étudiés récemment par divers auteurs. Bien que les méthodes de dosage de ce composé d'étain ne soient pas encore au point, il a été possible de constater, en gros, que sa proportion est d'autant plus forte que l'échantillon analysé renfermait plus d'iode dissimulé, et qu'elle est presque nulle dans les tissus dans lesquels le retour à l'iode normal a pu s'effectuer. Cette constatation est à la base de la conception que nous nous faisons de la nature de l'iode dissimulé, et qui sera exposée sommairement à la fin de ce mémoire ; notre attention avait d'ailleurs été attirée sur l'étain, par des indications fournies par M. le Professeur Jolibois et son collaborateur M. Bossuet, au cours de déterminations spectrographiques portant sur des cendres de L. flexicaulis ; cette conception a tout autant pour origine les suggestions qui nous ont été faites l'été dernier par M. Debierne et nous tenons à rendre ici hommage aux uns et aux autres du concours très précieux qu'ils nous ont apporté à des titres divers et sans lequel notre recherche n'aurait peut-être pas abouti.*

Depuis lors, l'étude photochimique de l'association iode-étain-sodium nous a fourni de nouveaux arguments et nous sommes arrivés finalement à admettre l'existence dans l'algue d'un pigment constitué essentiellement par l'association de l'iode, d'un étain, de la matière protoplasmique et du sodium ; la formation et le fonctionnement de ce pigment nécessitent l'intervention de la lumière ; un de ses rôles consisterait à compléter ou plutôt à exciter l'assimilation chlorophyllienne lorsque, par suite de l'immersion profonde, du manque de lumière, ou pour toute autre raison, celle-ci est insuffisante ou qu'elle est incapable d'assurer la formation de certains tissus de l'algue.

La démonstration directe de cette conception du rôle et de la nature de l'iode dissimulé est actuellement hors de notre portée. Elle ne peut être faite que de fragments de preuves synthétiques, parmi lesquelles nous espérons apporter en premier lieu la détermination du poids atomique de l'étain retiré des algues ; si notre interprétation est justifiée, cet étain devrait être, non le mélange d'étain ordinaire, mais probablement l'isotope de poids atomique le plus élevé (124) dont les recherches de M. Aston ont démontré l'existence.

Le présent mémoire sera divisé en trois parties. Dans la 1re, nous exposerons les techniques de récolte et d'analyse telles que nous les avons aujourd'hui définitivement établies. La 2e partie, après un exposé sommaire de l'évolution normale du L. flexicaulis destiné à compléter et à préciser les indications antérieures, sera consacrée aux observations relatives au retour de l'iode dissimulé à l'iode dosable. La 3e partie comprendra d'abord l'étude de la forme de combinaison de l'iode dosable, puis celle des caractères de l'iode dissimulé et des propriétés photochimiques de l'association iode-étain-azote-sodium ; elle se terminera par l'exposé de notre conception de cet iode dissimulé.

La publication de cette dernière partie pourra, à certains, paraître prématurée ; si nous n'hésitons pas à la faire dès aujourd'hui, c'est d'abord parce que nous désirons faciliter autant que possible à ceux qui voudront bien le faire, la vérification et le contrôle des expériences et des observations qui vont être décrites ; c'est aussi parce que nous pensons que le phénomène de dissimulation de l'iode n'est pas un cas unique, et que beaucoup de phénomènes biologiques non encore expliqués, sont dus à des propriétés du même ordre, moins faciles à étudier parce que plus lentes à se manifester, mais qui ont été certainement entrevues chez d'autres éléments physiologiques. Les jalons que nous posons aujourd'hui pourront aussi contribuer à assurer la continuation de ces recherches au cas où nous serions empêchés de le faire nous-mêmes.

BREHAT-PARIS

(août-décembre 1924)

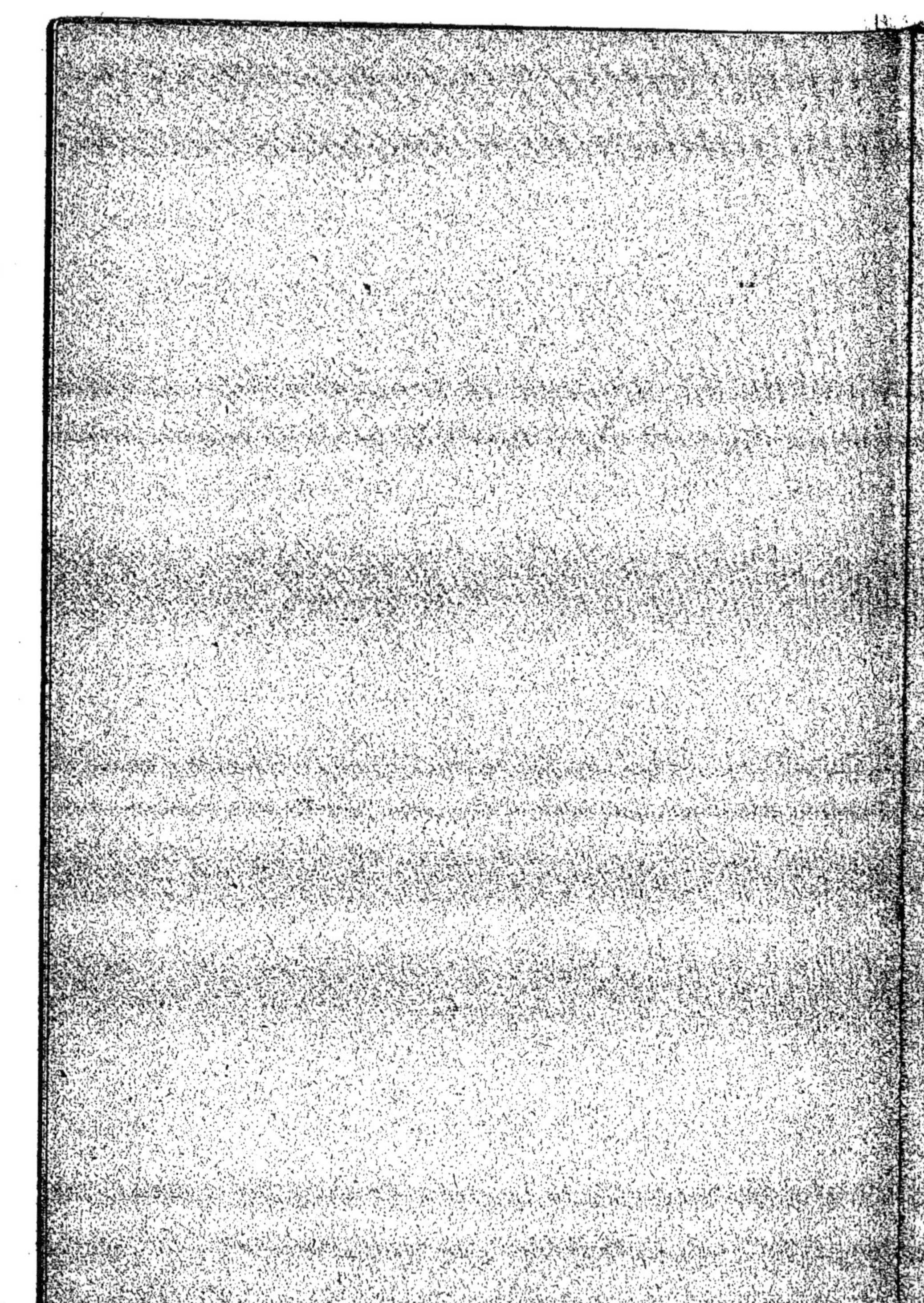

PREMIÈRE PARTIE

TECHNIQUE DES MÉTHODES DE RÉCOLTE D'ÉCHANTILLONNAGE ET D'ANALYSE

A. Récolte.

Tous les échantillons analysés ont été récoltés par nous : la plupart aux Iles Saint-Quay (partie ouest de la baie de Saint-Brieuc), les autres à la pointe nord de l'Ile de Bréhat (phare du Paon), ceux de novembre 1924, à Wimereux, en face du Laboratoire ; les marées auxquelles nous avons opéré sont : en 1923, fin août, fin septembre, mi-octobre, mi-novembre, fin décembre ; en 1924, fin février, fin mars, fin avril, fin mai, mi-août, fin août, fin septembre, fin octobre et fin novembre. L'amplitude des diverses marées a été presque toujours suffisante pour permettre de récolter des *L. flexicaulis* au niveau normal de leur habitat (coefficient moyen de baissée, + 10 à Saint-Malo).

Aussitôt la mer basse, un certain nombre de pieds sont détachés avec leur crampon, en évitant toute détérioration ; on choisit des individus adultes, âgés de un à trois ans, sains, exempts d'épiphytes, et présentant des lames et des stipes intacts. La récolte, conservée dans une manne, à l'abri du soleil et de la pluie, ou mieux encore, immergée jusqu'au départ, est transportée le plus rapidement possible au Laboratoire (pratiquement dans un délai de deux heures) ; on suspend les algues sur des cordes à l'ombre, en les séparant les unes des autres, et après une demi-heure d'égouttage, on procède à l'échantillonnage.

Au début de cette série de recherches, nous avons négligé certaines de ces précautions. Ainsi, beaucoup d'échantillons ont été sectionnés au-dessus du crampon. D'autres fois, il nous est arrivé de conserver la récolte vingt-quatre ou quarante-huit heures dans un hangar avant de la traiter. Nous avons pu constater par la suite que, souvent, cette façon de faire modifie profondément les résultats des analyses, même en des saisons où la température est basse et où la dessiccation est très lente.

Pour faciliter la comparaison entre les diverses récoltes, on a noté chaque fois les conditions météorologiques (soleil, pluie, vent, etc.), le coefficient de la marée, et l'aspect général des champs d'algues.

B. Échantillonnage.

Les titres d'iode étant comme précédemment rapportés au poids d'algue sèche, il est indispensable, non seulement de déterminer l'humidité, ce qui est facile, mais aussi de maintenir jusqu'après la pesée, les divers échantillons avec leur humidité initiale. Ceci nécessite une très grande rapidité dans les opérations d'échantillonnage.

Aussi avons-nous renoncé à préparer des lots moyens en divisant un certain nombre de lames ou de stipes en petits fragments destinés à être mélangés dans un bocal clos. Chaque analyse porte sur un ou plusieurs stipes, coupés en deux ou trois fragments, sur une fronde ou sur une demi-fronde, chaque lanière étant enroulée isolément. Dans ces conditions, la précision est à peine moins grande, et l'échantillonnage peut être fait en très peu de temps.

Un premier pied est consacré au dosage de l'humidité, par dessiccation à poids constant à 105° ; stipe d'une part, fronde de l'autre sont pesés et chauffés immédiatement dans une étuve garnie d'un bain de chlorure de calcium concentré.

Un deuxième échantillon, divisé de la même façon et pesé aussitôt après, est brûlé sans dessiccation préalable au four à moufle dans les conditions qui seront décrites plus loin.

Enfin, chaque fois que la chose est possible, le stipe et la lame d'un troisième échantillon sont introduits séparément, après pesée, dans des ballons, additionnés d'un volume connu de bisulfite de chaux, et chauffés sans retard pendant cinq à six heures au bain-marie.

Quant aux algues qui doivent être soumises à froid à l'action prolongée de différents réactifs liquides, elles sont introduites sans pesée préalable, pour abréger les opérations, dans des cols droits, bouchés à l'émeri, étiquetés et tarés ; le réactif dont la densité a été déterminée est ensuite ajouté au moyen d'un récipient jaugé. Il suffit donc de repeser le flacon plein pour connaître, après soustraction du poids du réactif, le poids de l'algue elle-même.

Les échantillons destinés à être analysés par combustion sont introduits dans des tubes en verre pyrex de 14 à 16 m/m de diamètre, préalablement fermés à l'une des extrémités, tarés et étiquetés. Pour les stipes, l'opération ne présente aucune difficulté : le stipe est fendu dans le sens de la longueur, perpendiculairement au plan de la zone stipofrondale, et chaque moitié est enfoncée à l'intérieur d'un tube. Avec les lames, il est nécessaire de séparer d'abord les lanières les unes des autres et de les couper en fragments de 3 à 4 centimètres de long ; ceux-ci sont alors enroulés sur eux-mêmes, et les rouleaux ainsi préparés, poussés à la suite les uns des autres dans le tube, à l'aide d'un agitateur. Chaque tube renferme un nombre entier de lanières complètes. Le remplissage terminé, on scelle l'extrémité ouverte avec une lampe à souder en ayant soin de conserver le morceau de tube terminal qui doit être repesé en même temps que la partie principale.

Si les échantillons doivent être stabilisés, on les plonge brusquement dans une solution concentrée (70 %) de chlorure de calcium portée préalablement à l'ébullition (120°) et on les y maintient de une demi-heure à trois-quarts d'heure. L'opération est réalisée commodément dans une poissonnière dont la grille mobile permet d'assurer l'immersion continue des tubes.

Jusqu'à présent, les crampons n'ont été l'objet d'aucune étude suivie ; pour les quelques analyses qui ont été faites, il a été nécessaire de les soumettre à un brossage minutieux à cause de la grande quantité de matières étrangères adhérentes, et d'éliminer certaines parties du plateau sur lesquelles sont incrustées des matières pierreuses.

Toutes les pesées d'échantillons sont faites au décigramme. Le poids moyen d'une fronde humide étant de 250 gr. au minimum, celui d'un stipe frais de 50 à 60 gr., on conçoit que cette précision soit suffisante.

Un certain nombre d'expériences ont été faites sur des algues sectionnées ou non, exposées à la lumière, ou conservées à l'obscurité pendant des temps variables et ayant subi, de ce fait, une dessiccation plus ou moins avancée. Nous avons admis jusqu'à nouvel ordre, que la perte de poids observée chez ces échantillons correspondait uniquement à de l'humidité, ce qui n'est qu'approximativement exact. Au moment de l'analyse, les dits échantillons sont séchés à poids constant, et le dosage est fait ainsi directement sur l'algue sèche.

On voit d'après ce qui précède, comment il a été possible, avec un outillage assez sommaire et sans autre combustible que du pétrole et de l'alcool : 1° de déterminer sur place, c'est-à-dire sur des algues qui n'ont encore subi aucune altération, le taux d'iode initial et l'humidité ; 2° de préparer des échantillons identiques et de les conserver dans diverses conditions, en vue d'analyses ultérieures, à l'abri de toutes pertes et de tous gains.

C. Méthodes analytiques.

Pour les essais sur place, la méthode par incinération est la seule pratique, bien que nous ayons pu, cette année, faire quelques bisulfitages et dosages au permanganate ; ceux-ci nous ont permis de vérifier la concordance des résultats fournis par les deux procédés, lorsqu'on opère immédiatement sur des algues rigoureusement fraîches ; la démonstration avait été faite déjà dans le cas d'algues équilibrées, c'est-à-dire dans lesquelles la montée de l'iode était achevée. Avec des algues incomplètement équilibrées, les résultats peuvent différer, mais nous montrerons plus loin que cette discordance n'infirme en rien la valeur des deux procédés, et qu'elle provient d'une inégalité de vitesse de retour à l'iode normal. Malgré cette concordance des résultats obtenus par des procédés aussi différents, on pouvait admettre pendant l'incinération la possibilité d'une perte d'iode par volatilisation et dans le traitement au bisulfite, celle d'une extraction incomplète. Nous avons démontré depuis qu'aucune de ces suppositions n'est justifiée. Néanmoins, et pour répondre d'une façon absolue à ces objections, nous avons institué une méthode de combustion intégrale qui sera décrite plus loin, et qui a permis de vérifier qu'en général on n'obtient pas, en brûlant les algues, de quantités notables d'iode volatil. De plus, des analyses effectuées parallèlement par combustion et par bisulfitage ont fourni, quarante-huit heures après la récolte, des taux d'iode identiques, avec des échantillons prélevés sur des frondes qui ultérieurement accusent des teneurs doubles.

En ce qui concerne les deux premières méthodes, d'usage courant, celle au bisulfite a été l'objet d'une description complète (1) ; aucune modification n'a été jugée nécessaire ; toutefois, quelques observations nouvelles ont été faites qui seront décrites plus loin. Quant au dosage par incinération, il a été sensiblement amélioré, et nous allons en indiquer la marche exacte.

1° *Dosage par incinération.*

Pour l'incinération, les frondes sont divisées en lanières, et chaque lanière enroulée sur elle-même de façon à constituer un petit cylindre ; les stipes sont simplement coupés en fragments de deux ou trois centimètres de long. Nous opérons généralement sur une demi-lame (de 150 à 180 gr.) et sur deux stipes (environ 100 gr.). Les échantillons sont pesés dans une capsule ou une coupelle rectangulaire en porcelaine qu'on chauffe dans un four à moufle ordinaire, soit au gaz, soit à l'aide d'un triple brûleur à flamme bleue (type Ultimus). La température à maintenir est celle du rouge sombre ; après dessiccation et production de fumées abondantes, le résidu brûle ; aussitôt les flammes disparues, on cesse de chauffer. On obtient ainsi une masse charbonneuse qui conserve la forme primitive des algues. Après refroidissement on traite par l'eau dans une capsule, on rince la coupelle qui resservira pour la deuxième incinération, et on filtre la solution sur un filtre ordinaire en lavant abondamment le résidu charbonneux. Filtre et charbon sont remis sur la coupelle primitive, séchés au bain-marie ou à l'étuve, et incinérés à nouveau, à la même température que la première fois, jusqu'à disparition complète du charbon. Les incinérations durent environ 15 minutes chacune. Les cendres blanches sont ensuite reprises par l'eau, filtrées et lavées à fond, et les liquides réunis sont réduits par concentration au bain-marie à un volume de 20 cc. environ ; après refroidissement, on filtre une dernière fois sur un

(1) *Notes de l'Office des Pêches*, n° 13, p. 16. Recherches sur la variation de l'iode chez les principales laminaires bretonnes

très petit filtre pour séparer un peu de matière insoluble (sulfate de chaux), et le filtrat est recueilli, soit dans une fiole jaugée si l'on veut titrer une partie aliquote de la liqueur, soit directement dans un décanteur de 300 à 400cc., dans lequel on a introduit au préalable 50cc. de tétrachlorure de carbone pur (1). Après lavage complet de la capsule et du filtre (le volume total obtenu est de l'ordre de 150cc.), on ajoute dans le décanteur 10cc. d'acide sulfurique pur à 5 %, et lorsque toute effervescence a cessé, 30 gouttes, soit 1,5 à 2cc. de nitrite de soude à 1 %. Déjà l'addition d'acide produit une légère coloration brune, ce qui dénote la présence de traces d'iodate ; l'addition du nitrite achève de libérer l'iode, mais la réaction n'est pas instantanée. On agite alors énergiquement ; le tétrachlorure se colore en rose ou en violet, la liqueur surnageante restant néanmoins brune ou jaunâtre. La décantation est rapide et facile. On soutire la solution chlorocarbonique qui doit être limpide dans un goulot émeri de 250cc. muni d'un bon rodage, et on épuise une deuxième, puis une troisième et si besoin une quatrième fois, par de nouvelles portions de tétrachlorure (25cc. chaque fois), en évitant d'entraîner le douteux ou le liquide aqueux dans le goulot. Avant le dernier épuisement, on rajoute un peu d'acide et 2 ou 3 gouttes de nitrite pour vérifier que la réaction est totale, et on néglige les derniers centicubes du dernier épuisement, qui sont à peine teintés, mais qui ne peuvent être séparés d'une sorte d'écume blanchâtre. La quantité d'iode qu'on perd ainsi est pratiquement négligeable.

Il ne reste plus qu'à titrer directement l'iode dissous au moyen d'une solution N/10 d'hyposulfite qu'on ajoute d'abord centicube par centicube, puis goutte par goutte, jusqu'à disparition exacte de la coloration rose (2). Après chaque addition, on referme le flacon qu'on secoue énergiquement. Le virage, d'une netteté absolue, même à la lumière, se fait à une demi-goutte près. Avec un peu de pratique, on évalue facilement, d'après la teinte de la solution primitive, à 1 cmc près la quantité d'hyposulfite à ajouter, ce qui permet de réduire le nombre des agitations.

Dans les conditions les moins favorables, c'est-à-dire avec des quantités d'iode correspondant à 8 ou 10cc. d'hyposulfite seulement, l'erreur commise ne dépasse pas 1 % ; et en fait, il est facile d'obtenir pour deux échantillons de même origine, des pourcentages qui concordent à une unité près de la deuxième décimale.

En opérant comme il vient d'être dit, c'est-à-dire avec une quantité de nitrite très faible, on évite absolument toute formation d'acide iodique. La quantité de nitrite employée est, en effet, généralement inférieure à celle qui correspond à l'équation :

$$2\,NO^2H + 2\,HI = 2\,H^2O + 2\,NO + I^2.$$

(1) Le tétrachlorure ayant servi aux dosages est lavé à la soude, décanté et distillé au bain-marie. Il peut resservir sans autre purification.

(2) Si le virage était dépassé, on reviendrait en arrière avec 1 cc. de solution d'iode de correspondance connue, et on achèverait le titrage comme ci-dessous en apportant ensuite la correction nécessaire.

et c'est la réoxydation de NO en NO^2 par l'air, puis la décomposition de NO^2 en NO^2H et NO^3H par l'eau, qui permet d'achever le déplacement de l'iode.

Il est presque inutile d'ajouter que nous avons à maintes reprises vérifié l'absence d'iode dans les cendres de filtration, en particulier celle du periodate de chaux insoluble dont on aurait pu *a priori* suspecter la formation.

2° Méthode au bisulfite.

Rappelons en deux mots le principe de la méthode :

Les échantillons pesés (300 à 400 gr. pour les frondes, 100 à 150 gr. pour les stipes), dont l'humidité a été déterminée d'autre part, sont introduits en fragments ou en lanières enroulées, dans un ballon de 2.000cc., muni d'un bouchon de liège que traverse un simple tube réfrigérant. On ajoute un volume déterminé (environ 5 fois le poids des algues) de bisulfite de chaux dilué (1 p. de bisulfite saturé de densité 1,06 à 1,08 et 4 p. d'eau) et on chauffe 5 à 6 heures au bain d'eau, en agitant fréquemment, entre 90 et 100°. Après refroidissement on décante le liquide sur un entonnoir muni d'un tampon lâche de coton de verre, et on oxyde une partie aliquote de ce liquide (50 ou 100cc., suivant la richesse en iode), par un fort excès de permanganate à 5 %, au bain-marie, après addition de lessive de soude à odeur franchement basique (triméthylamine). L'oxydation achevée, on acétifie, et après refroidissement complet, on détruit le bioxyde de manganèse par de l'eau oxygénée (à 20 vol.), puis on revient avec du permanganate dilué, de façon à obtenir une teinte à peine jaunâtre, stable pendant un quart d'heure au moins. On abandonne ensuite une nuit pour permettre à l'oxygène dissous de se dégager en majeure partie, on ajoute de l'acide chlorydrique pur (45cc.), de l'iodure de potassium solide (10gr.), et on laisse la réaction s'achever à l'obscurité pendant deux à trois heures. L'iode est ensuite titré par l'hyposulfite N/10 en présence d'empois d'amidon. Pour les détails et les précautions particulières, nous renvoyons au mémoire déjà cité.

La précision obtenue est de l'ordre de 0cc,1 d'hyposulfite N/10, et si l'on a employé, comme il convient, une quantité d'extrait correspondant au moins à 10cc. d'hyposulfite, l'erreur ne dépasse pas 1 %. Nous reconnaissons toutefois que l'ajustage est délicat et exige une certaine pratique.

Pour le calcul, on ne doit pas oublier qu'un atome d'iode titré, correspond à 1/6 d'atome d'iode préexistant dans la prise d'essai, en raison de l'équation :

$$IO^3H + 5\,HI = 3\,H^2O + 6\,I.$$

Si donc T est le titre de l'hyposulfite exprimé en grammes d'iode, il faudra multiplier le nombre de centimètres cubes employés, *n* par $\dfrac{T}{6 \times 1000}$.

D'autre part, si l'on a opéré sur 100cc. d'extrait provenant du traitement de p grammes d'algues supposées à 80 % d'humidité, par 2.000cc. de bisulfite dilué, pour déduire du résultat du titrage la teneur en iode de 100 p. d'algues sèches, il faudra ajouter aux 2.000cc. le volume d'eau correspondant à l'humidité, soit $p \times \frac{80}{100}$, et multiplier par 100 et diviser par $p \times \frac{100}{20}$, de sorte qu'on arrive finalement à l'expression :

$$n \times \frac{T}{6 \times 1.000} \times \frac{\left(2.000 + p\frac{80}{100}\right)}{100} \times \frac{100}{p} = x$$

ou après simplification :

$$n \times \frac{T}{6} \times \left(2 + \frac{0,8\,p}{1.000}\right) \times \frac{1}{p} = x$$

S'il s'agit de doser l'iode dans une algue qui a été soumise en flacon bouché à l'action d'un réactif déterminé, on peut, si le récipient est assez spacieux, ajouter un volume connu de bisulfite de chaux dilué ou concentré, chauffer directement le tout dans un bain d'eau, et procéder ensuite comme dans le cas général. Si cette simplification n'est pas possible, on transvasera le contenu du flacon dans une capsule et on introduira les fragments d'algues dans le ballon indiqué plus haut en se servant d'une pince en nickel, après les avoir divisés si c'est nécessaire ; tous les ustensiles employés seront rincés avec un volume d'eau déterminé et on continuera comme il est dit plus haut.

Enfin, si l'on veut doser l'iode uniquement dans le liquide, après avoir décanté ce dernier et l'avoir mesuré exactement, on en oxydera une partie aliquote, après addition de soude, mais sans bisulfitage préalable. Les algues résiduaires pourront être ensuite bisulfitées comme des échantillons ordinaires ou incinérées après addition de carbonate alcalin et dessiccation.

Pour terminer cette question du dosage de l'iode par la méthode au bisulfite, il est nécessaire que nous disions quelques mots de perturbations qui se sont produites cette année dans des conditions tout à fait précises et dont nous n'avons pas pu déterminer exactement la nature.

La première perturbation se rapporte à des extraits préparés avec des algues conservées pendant un certain temps dans de l'eau de mer tenant en dissolution 2 ‰ environ de fluorure de sodium. Tissus et liquide ont ensuite été chauffés avec du bisulfite de chaux, et l'extrait obtenu oxydé et titré de la façon habituelle. Si on cherche à effectuer le titrage de l'iode par l'hyposulfite en présence d'empois d'amidon, on échoue complètement ; la couleur primitive de l'empois iodé vire graduellement du violet au jaune sans qu'il soit possible de s'arrêter à une teinte quelconque. Par contre il est assez facile de doser l'iode par décoloration simple de la liqueur. Nous aurons plus tard l'occasion de signaler d'autres particularités des extraits au fluorure.

La deuxième perturbation a été beaucoup plus gênante. Elle s'est manifestée cette année, exclusivement chez des algues récoltées aux îles Saint-Quay en octobre et conservées dans divers milieux. Le traitement au bisulfite s'est effectué très normalement, mais il a été impossible d'oxyder les extraits par le permanganate, de façon à obtenir, après addition de l'eau oxygénée, une liqueur incolore permettant un ajustage régulier. La solution conservait une teinte jaunâtre ou orangée, variable d'un dosage à l'autre, de sorte qu'en aucun cas, nous n'avons réussi à obtenir dans deux analyses du même extrait, des chiffres, même grossièrement concordants. Les différences ont atteint parfois 300 %. Ces résultats sont d'autant plus surprenants que les *L. flexicaulis* récoltés en été à Bréhat, tout comme ceux d'ailleurs qui ont été prélevés aux îles Saint-Quay, en octobre et novembre 1923, se sont comportés d'une façon normale et ont fourni des chiffres absolument précis.

Nous pensons que cet automne, les algues du Portrieux, peut-être par suite de l'influence de la pluie et de la présence d'épiphytes en très grande quantité, renfermaient une substance organique azotée particulièrement stable dont la destruction par le permanganate, toujours incomplète, variait avec l'intensité et la durée du chauffage, inégales d'un essai à l'autre ; cette substance pouvait, soit laquer une certaine quantité de sels manganiques, soit retarder la décomposition de l'eau oxygénée lors de l'ajustage. En fait, les résultats ont été presque toujours invraisemblablement trop élevés.

Il n'en est pas moins résulté que la méthode au bisulfite n'a pu être appliquée aux algues en question, et que le dosage de l'iode n'a pu être fait que par incinération ou combustion.

Quant à la disparition de l'iodate signalée autrefois (1) lors de nos tentatives d'ajustage à chaud, nous avons pu établir qu'elle consiste en une simple réduction en iodure d'ailleurs assez remarquable, et qu'en réoxydant ensuite la liqueur alcalinisée on retrouve bien la totalité de l'iode primitif. Nous n'insisterons pas davantage ici sur cette réaction qui ne présente aucun intérêt au point de vue de l'iode des algues.

3° *Méthode de combustion intégrale.*

Cette méthode est en principe celle de Dennstedt ; elle consiste à brûler les algues dans un courant d'oxygène en présence d'amiante platinée, l'iode volatil étant retenu au moyen d'une toile d'argent chauffée ; les adjonctions nouvelles sont d'une part, le dosage de l'iode fixe dans les cendres, et d'autre part, celui de l'iodure d'argent par électrolyse. La toile et l'amiante fixant la *totalité de l'étain volatil*, il n'est pas douteux qu'après

(1) *Notes de l'Office des Pêches*, n° 13, p. 12.

une mise au point convenable, la combustion des algues nous permettra de fixer le bilan iode-étain.

Le procédé a été appliqué d'abord à divers composés iodés de titre connu, soit organiques (iodoforme, toluène p-iodé), soit minéraux (iodure de calcium), ce dernier ayant sur les précédents l'avantage d'être dédoublé par calcination en iode volatil et en periodate de calcium, l'un des composés iodés les plus stables et les moins facilement attaquables par les réactifs usuels. Dans tous les cas, l'iode total préexistant a été retrouvé avec une précision dépassant le centième. Ces essais préalables nous ont permis de mettre la méthode au point et de donner à l'appareil une forme définitive assez pratique.

Description de l'appareil. — La partie essentielle est constituée par un tube en verre d'Iéna, ou à défaut en verre pyrex (type chaudière) de 20 m/m de diamètre au moins et de 120 c/m de longueur. L'une des extrémités du tube est soudée à un ajutage de même verre recourbé deux fois, de sorte que l'ensemble a la forme des tubes à baïonnettes employés autrefois pour les analyses organiques.

La partie droite du tube est garnie successivement d'avant en arrière des matières suivantes : un rouleau de toile de cuivre oxydé qui sert de témoin, deux toiles d'argent pesées séparément, une couche d'amiante platinée maintenue entre deux tampons d'amiante en fibres, le tube renfermant l'échantillon d'algue, enfin une toile d'argent servant de garde pour arrêter l'iode et l'étain en cas de retour en arrière.

Les toiles et l'amiante sont isolées les unes des autres par des fragments de tube de verre. Avant chaque combustion ou série de combustions, les toiles d'argent sont nettoyées avec le plus grand soin, et soumises dans ce but à l'action sucessive du cyanure de potassium, de l'acide azotique très dilué, de l'oxygène au rouge ; enfin elles sont électrolysées dans les conditions ordinaires du dosage de l'iode. Le tube à échantillon est ouvert au moment même du montage ; le sectionnement est pratiqué aux deux extrémités, à une distance suffisante des algues, et il est indiqué de conserver à la partie avant sa région conique de façon à éviter tout écoulement de liquide. Les fragments du tube coupé sont également introduits dans le tube à combustion, et on entoure le tout d'un fil de platine formant une série de boucles ; on évite ainsi les soudures de verre sur verre qui empêcheraient ensuite de retirer sans perte les cendres résiduaires.

Le tube à combustion est placé sur deux grilles consécutives, munies de gouttières et de toile d'amiante, et légèrement inclinées vers l'avant.

A la partie arrière, on adapte, par l'intermédiaire d'un bouchon de caoutchouc, un barboteur double de Cloez, garni d'acide sulfurique concentré ; ce barboteur est relié par un caoutchouc à vide à un gazomètre ordinaire rempli d'oxygène ; la vitesse du courant gazeux est réglée au moyen d'une pince de Mohr.

La baïonnette du tube à combustion aboutit directement à l'intérieur de la cloche d'un appareil Dupré dans lequel on a introduit une garde de mercure et une certaine quantité de solution de potasse pure. La 2e tubulure inférieure est en relation avec un flacon à potasse qui peut être isolé du reste de l'appareil par une pince de Mohr. L'orifice de sortie des gaz est relié par un caoutchouc à vide à un grand gazomètre de verre monté en aspirateur. Dans ces conditions, tous les gaz sortis du tube sont recueillis sans la moindre perte, puisque le dernier gazomètre est en dépression, et il est dès lors très facile de vérifier qu'il n'y a pas eu d'erreur par perte. Disons de suite qu'en aucun cas, les gaz sortis du tube n'ont entraîné la moindre trace d'iode ; quant à l'étain, on n'en a retrouvé que très exceptionnellement des traces dans la potasse de l'appareil Dupré. Le gazomètre pourrait donc être supprimé sans inconvénient, mais il facilite la surveillance de la combustion et nous avons préféré le maintenir.

Conduite de l'opération. — La combustion exige une journée entière. On commence par chauffer fortement l'amiante platinée et modérément les toiles d'argent avant et arrière ; le courant d'oxygène est réglé au début à la vitesse de 1 bulle par seconde. Puis on allume les brûleurs placés sous le tube à échantillon de deux en deux, en veilleuse, de façon à chauffer très légèrement les algues et à les dessécher peu à peu sans les carboniser et en évitant tout entraînement brusque de liquide par ébullition. La température intérieure du tube ne doit donc pas dépasser sensiblement 100° ; dans ces conditions, la dessiccation s'achève régulièrement en 3 ou 4 heures, avec un chauffage bien réglé, et la combustion peut ensuite se faire sans difficulté.

Signalons en passant que c'est souvent pendant cette première partie de l'opération qu'on constate l'arrêt sur la toile d'argent de l'iode et de l'étain volatils. Quelquefois aussi l'argent se sulfure légèrement au début, mais le noircissement momentané qui en résulte disparaît quand l'oxygène est en excès.

La dessication achevée, on élève graduellement la température en allumant les brûleurs intermédiaires et en forçant successivement la flamme de chacun d'eux. Cette partie de la combustion doit être poussée avec une très grande lenteur si l'on veut éviter de petites explosions locales qui risquent d'entraîner des produits organiques jusque dans l'appareil Dupré ; ces produits ne renferment d'ailleurs jamais d'iode. A mesure qu'on chauffe les algues, on constate la séparation de goudrons bruns qui se condensent sur les parois du tube. Lorsque ceux-ci ont achevé de distiller, on élève la température de façon à atteindre le rouge sombre, et on accélère le courant d'oxygène de manière à faire disparaître complètement l'enduit goudronneux et à brûler le plus possible le charbon résiduaire.

Dosage de l'iode dans les cendres. — L'appareil étant refroidi, et la toile d'argent arrière enlevée, on retire avec un crochet de nickel le tube à échantillon avec sa garniture de platine qu'on détache ensuite. Le tube et les fragments résultant du sectionnement sont alors traités dans un verre à pied par de l'eau bouillante, puis par un peu d'acide acétique ; avec un agitateur on achève de détacher les particules solides minérales ou charbonneuses qui adhèrent au verre (1). On transvase ensuite liquide et solide dans une fiole conique, on ajoute de la soude pure (50 cc. par opération), du permanganate à 5 %, et on chauffe le tout au bain-marie pendant au moins 2 jours consécutifs en veillant à ce qu'il y ait toujours un excès d'oxydant. Nous avons jugé utile de prolonger ainsi ce traitement afin d'oxyder le plus possible la matière charbonneuse, et de réduire au minimum la coloration jaune que conserve la liqueur après addition d'eau oxygénée ; cette coloration n'a d'ailleurs d'autre inconvénient que de rendre l'ajustage un peu plus difficile.

L'oxydation terminée, on acétifie, on refroidit complètement la liqueur, on ajoute un excès d'eau oxygénée, on filtre pour séparer les débris de verre et de charbon, et après lavage du résidu, on ajuste et on titre l'iode dans les conditions habituelles, après addition d'acide chlorhydrique et d'iodure.

Le résidu charbonneux recueilli sur le filtre contient presque toujours une petite quantité d'iode ; mais celui-ci n'est plus combiné à de l'alcali et il se volatilise lorsqu'on incinère le filtre à l'air libre. On est donc obligé de faire une nouvelle combustion, d'ailleurs très rapide, dans un tube ordinaire muni simplement d'amiante platinée et d'argent, et de doser électrolytiquement la petite quantité d'iode ainsi recueilli.

En pratique on effectue à la suite et dans le même tube la combustion de deux ou trois échantillons de façon à traiter en tout environ 50 gr. d'algues, et on brûle ensemble tous les filtres et les résidus charbonneux.

Dosage de l'iode fixé par la toile d'argent. — Ce dosage se fait d'une façon simple et précise en électrolysant les toiles iodées de façon à réaliser simultanément la réduction cathodique de l'iodure en acide iodhydrique et l'oxydation anodique de celui-ci en acide iodique. On réduit ensuite ce dernier en iodure par une quantité connue de sulfite de soude et on libère l'iode par l'acide azoteux ; le dosage est terminé par la méthode ordinaire au moyen de l'hyposulfite N/50 en présence de tétrachlorure de carbone.

L'appareil dont nous nous servons est constitué par un récipient cylindrique de 300 cc. muni à sa partie inférieure d'une tubulure à robinet qui permet de soutirer de temps en temps le liquide. L'anode est formée d'une lame de platine de 3 à 4 cmq. et c'est la toile d'argent elle-même qui constitue la cathode ; on la suspend à l'extrémité d'un fil de platine. L'électrolyte est de l'acide sulfurique à 2 %. Le potentiel aux bornes étant de 4 volts, l'intensité du courant est maintenue au voisinage de 0,2 ampères.

(1) Ce traitement s'applique uniquement aux cendres d'algues. Dans le cas de l'iodure de calcium, il a été nécessaire d'attaquer le résidu par l'acide chlorhydrique sous une couche de sulfite de soude dilué, car l'acide acétique ne dissout pas le periodate de chaux. Comme la masse est contenue dans une nacelle, l'opération peut être faite dans un récipient cylindrique, l'acide chlorhydrique étant introduit au sein de la liqueur et juste au-dessus de la nacelle au moyen d'un tube à brome.

L'électrolyse se fait sans aucune difficulté ; elle est caractérisée par un phénomène accessoire qui en rend la conduite plus aisée : au bout d'un certain temps on constate dans la liqueur restée jusqu'alors incolore l'apparition brusque d'une zone brunâtre au niveau inférieur des électrodes ; cette teinte est due à la formation d'iode libre et indique qu'en cet instant, par suite de l'augmentation de la force contre-électromotrice, l'oxydation anodique est arrêtée ; l'acide iodique se trouve par conséquent en présence d'acide iodhydrique, d'où libération d'iode. On soutire alors le liquide en le faisant couler dans du sulfite de soude, on renouvelle l'électrolyte et on continue l'opération. Le même phénomène se manifeste généralement 2 ou 3 fois et nécessite autant de décantations. L'opération terminée, on rince le récipient et les électrodes et, sans concentrer, on procède au titrage. La précision de la méthode a été vérifiée sur des toiles d'argent iodées par combustion de quantités connues d'iodoforme ou de toluène iodé ; elle est au moins de l'ordre du centième. D'ailleurs, dans les analyses d'algues, la quantité d'iode volatilisé dépasse rarement deux milligrammes par tube.

Nous discuterons dans la IIIe partie de ce mémoire les résultats qui ont été obtenus par cette méthode, et nous nous bornerons, pour donner une idée de sa valeur, à citer ici le résultat suivant : les chiffres d'iode total obtenus en analysant six échantillons de frondes récoltées en octobre dernier, mais provenant d'individus différents, ont tous été compris entre 0,67 et 0,69 % des tissus secs. Par conséquent aucune des opérations, y compris l'échantillonnage et la préparation des tubes, n'a comporté d'erreur notable au regard des variations (50 à 100 %) qu'il s'agissait d'apprécier.

Recherche de l'étain volatil. — Nous avons indiqué dans l'Introduction que la méthode de combustion intégrale permet, sinon de doser exactement, du moins de caractériser et d'évaluer avec une certaine approximation la quantité d'étain volatilisée pendant la dessiccation.

Cette recherche peut être combinée avec le dosage électrolytique de l'iode volatil. Il suffit pour cela de susprendre la toile d'argent à l'intérieur d'une petite cloche en verre traversée par un fil de platine soudé servant de support et munie d'un ajutage à robinet. Cet ajutage est relié à un barboteur de Liebig contenant une solution diluée de nitrate d'argent. Un aspirateur ordinaire permet de faire passer dans le barboteur avec la vitesse voulue les gaz de réduction cathodique. Dans ces conditions, lorsque de l'étain volatil a été fixé par l'argent (sous forme de stannure sans aucun doute), on observe dans la première boule l'apparition graduelle d'une coloration rougeâtre, puis d'un précipité noir qui est absolument caractéristique de l'hydrure d'étain (1). Nous avons d'ailleurs vérifié par des essais à blanc que l'hydrogène électrolytique ne donne pas cette réaction.

(1) Paneth, *D. Ch. G.*, t. LVII, p. 1877, 1891 ; 1924

Nous aurons l'occasion de revenir plus tard sur cette facilité remarquable avec laquelle le stannure d'argent provenant des algues fournit de l'hydrure, et nous nous bornons actuellement à indiquer son intérêt au point de vue analytique.

On peut d'ailleurs déceler la présence de l'étain sur l'argent par une autre méthode qui pourra peut-être devenir quantitative, tout au moins dans les cas où le dosage simultané de l'iode n'est pas indispensable. Il suffit pour cela de laisser digérer la toile d'argent, à froid, dans une solution diluée de cyanure de potassium, qu'on renouvelle 3 ou 4 fois. Dans ces conditions, on dissout l'iodure et le stannure d'argent en même temps qu'une certaine quantité de métal.

La liqueur est alors additionnée, suivant les prescriptions de M. Denigès, d'un peu d'ammoniaque, puis d'un faible excès de nitrate d'argent. Dans le cas de l'iode seul, il y a reprécipitation de l'iodure sous sa forme opalescente habituelle, de couleur blanchâtre, stable à la lumière diffuse ; on peut même faire de cette façon un dosage néphélométrique assez précis.

Lorsqu'il y a de l'étain, le même phénomène se produit, sans modification apparente au début ; mais 2 ou 3 minutes après, le précipité blanchâtre se transforme brusquement, même à l'obscurité et à froid, en flocons d'un noir rouge et denses, qui sont constitués par un mélange d'argent réduit et de stannure. L'explication de cette réaction nous a été fournie par un ancien travail de Ditte (1) : le précipité blanchâtre instable est un métastannate d'argent qui, au contact d'un excès de nitrate devient pourpre puis brun noir par réduction simultanée d'argent. Cette réaction est certainement la plus spécifique de l'étain ; elle est en tous cas plus sûre que celle du pourpre de Cassius et plus facilement réalisable que celle du chlorostannate de césium. Nous espérons pouvoir l'utiliser pour doser simultanément l'iode et l'étain volatils des algues.

---

(1) *Compte-Rendus*, t. XCIV, p. 1114.

IIe PARTIE

CONDITIONS DE VARIATION ET DE STABILITÉ DE L'IODE NORMAL ET DE L'IODE DISSIMULÉ

Les variations que présente au cours d'une année la teneur en iode des *L. flexicaulis* peuvent être dues à la superposition de trois phénomènes : 1° échanges avec le milieu ambiant (mer et atmosphère durant les périodes d'émersion) ; 2° échanges internes ; 3° transformation de l'iode normal en iode dissimulé et réciproquement. Si l'on se contente, pour étudier ces variations, d'analyser de temps à autre des portions de tissus sectionnés au moment de l'analyse après les avoir prélevés sur des individus conservés pendant des temps variables et dans des conditions quelconques, on obtient des chiffres qui ne présentent aucune régularité et ne permettent aucune conclusion générale. Ainsi, on est amené tout naturellement à considérer comme les plus riches en iode les tissus ou les individus dans lesquels l'iode dissimulé a le plus de tendance à repasser à l'état normal (tissus jeunes par exemple). On oublie ou l'on ignore que l'algue, vivant dans la mer, se trouve par rapport à celle-ci dans un état d'équilibre dynamique maintenu constant par les échanges avec l'ambiance ; or, cet équilibre se trouve très rapidement et profondément modifié lorsqu'on conserve l'algue dans l'air et qu'elle se dessèche spontanément ou artificiellement. Au début de nos recherches, nous ignorions complètement l'existence de l'iode dissimulé et sa transformation en iode normal ; c'est pourquoi, à part quelques indications très générales, nous n'avons pu tirer des dosages d'iode antérieurs à l'été 1923 aucune notion précise sur le rôle de l'iode et sur son métabolisme.

Il en a été tout autrement le jour où, opérant d'une part sur des algues fraîches et sectionnées dès la récolte, d'autre part sur des échantillons analogues mais conservés en vase clos pendant un temps suffisant, nous avons pu déterminer avec une précision très grande le taux d'iode initial et le taux maximum de montée ; la différence entre ces deux chiffres, qui correspond à l'iode dissimulé, donne une mesure de l'énergie potentielle de l'algue ou du tissu considéré, et il a pu être établi nettement que le maximum de dissimulation se présente deux fois par an, aux époques précédant celles d'activité végétative particulière : la repousse de fin d'hiver et la sporulation. L'iode dissimulé a donc bien, à cet égard, le caractère de substance de réserve.

Quant aux échanges internes, il est beaucoup plus difficile d'en déterminer l'importance ; après les avoir considérés comme l'une des causes principales des variations de l'iode au cours de la dessiccation spontanée des algues, nous avons dû abandonner cette idée, et bien que la question ne soit pas tranchée définitivement, il semble bien que le rôle des échanges internes n'intervient que pour une faible part dans les modifications du taux d'iode.

Ce qui rend cette étude plus difficile, c'est qu'en raison des phénomènes d'autolyse ou de fermentation, les échantillons ne peuvent être conservés en vase clos, et que la dessiccation à l'air libre n'exclut pas, *a priori*, une perte d'iode par volatilisation, ni une diminution du poids de la matière sèche par combustion respiratoire de la laminarine.

Pour donner plus de clarté à notre exposé, nous rappellerons d'abord les points essentiels de la vie normale des *L. flexicaulis* en ajoutant quelques remarques sur l'effet des perturbations météorologiques qui ont modifié cette évolution au cours de l'été et de l'automne derniers.

Nous mettrons ensuite en parallèle avec les phases caractéristiques de cette évolution, les variations de l'iode total et de l'iode dissimulé telles qu'elles résultent du travail des 18 derniers mois, en rappelant brièvement les variations correspondantes de l'algine, des sels et de la laminarine.

Nous rapporterons ensuite sommairement les observations qui ont trait aux variations de l'iode pendant la dessiccation, et nous montrerons qu'elles impliquent une réversibilité du phénomène et que la montée de l'iode normal apparaît comme une défense contre les lésions résultant du sectionnement.

Enfin, nous étudierons les conditions mêmes qui influent sur le retour de l'iode dissimulé à l'iode normal, en exposant, marée après marée, les expériences qui ont été faites et les conclusions qui en découlent ; nous montrerons ainsi, indépendamment de toute hypothèse sur la nature de la dissimulation, que ce phénomène est lié à la présence de la matière protoplasmique, et qu'il disparaît lorsque cette dernière est détruite par des réactifs chimiques ou des diastases.

A. Évolution normale des L. flexicaulis. Ses relations avec la variation de l'iode et des principaux constituants

Généralités. — Le *L. flexicaulis*, de l'ordre des *Phaeophycées*, est la grande laminaire brune la plus répandue sur les rives européennes de l'Atlantique ; on le rencontre au Portugal et sur la partie granitique des côtes Asturiennes, puis dans le golfe de Gascogne, aux îles de Ré, d'Oléron, d'Yeu, de Noirmoutier ; de l'embouchure de la Loire jusqu'à Cherbourg, il est extrêmement abondant. Au delà de ce dernier point, on n'en rencontre plus que des gisements isolés, d'étendue variable, tels que les bancs de Courseulles et de Fécamp et ceux, moins importants encore, des côtes du Boulonnais (Wimereux, Cap Gris-Nez). Plus au nord, le *L. flexicaulis* reparaît en grande quantité, sauf bien entendu sur les plages de sable, et les côtes anglaises, irlandaises, écossaises et norvégiennes en sont garnies ; on en retrouve encore à Heligoland, mais la Baltique en est à peu près dépourvue ; sa présence a été signalée sans indications spéciales aux Feroe et en Islande.

En somme, le *L. flexicaulis* est répandu partout où il existe des fonds rocheux et des marées un peu fortes ; mais il n'abonde que dans les eaux froides ou modérément chaudes, et il manifeste certainement une prédilection pour les terrains granitiques ou schisteux.

Son habitat normal en profondeur est compris dans une zone de quelques mètres située immédiatement au-dessous du niveau des basses mers de grandes marées moyennes. Si donc la plus grande partie de son existence est aquatique, elle comporte néanmoins des périodes d'émersion régulière qui, dans certaines régions (îles Saint-Quay) se prolongent pendant 2 ou 3 heures à l'époque des grandes marées d'équinoxe. Nous sommes convaincus que ces périodes d'émersion constituent une phase normale de la vie des *L. flexicaulis* et qu'elles contribuent à faciliter les échanges gazeux avec l'atmosphère, peut-être aussi à réaliser l'accumulation automatique des réserves iodées dans le stipe.

Les *L. flexicaulis* récoltés en divers points des côtes de la Bretagne et de la Manche présentent des aspects assez différents qui ont amené certains auteurs à admettre l'existence de variétés distinctes (*L. digitata, stenophylla,* etc.). En fait, les *L. flexicaulis* du Finistère, très bruns et pourvus d'une lame fort longue (plusieurs mètres), ne semblent pas identiques à ceux de la baie de Saint-Brieuc, dont la couleur est vert olive et dont la fronde, moins divisée, plus large et plus tendre, est beaucoup plus courte. A ces différences d'aspect correspondent aussi des teneurs en iode normal assez écartées (0,5 % en moyenne sur les côtes Ouest et Nord du Finistère; contre 0,7 % aux îles Saint-Quay). On pourrait expliquer ces différences par des variations d'habitat, de température et de salinité de l'eau de la mer, ou encore par l'action locale des courants. Toutefois, nous avons observé cette année en certains points de Bréhat, l'existence côte à côte des deux types, de sorte qu'il n'est pas possible d'admettre exclusivement l'intervention des facteurs précédents. Sans rejeter d'une façon définitive l'hypothèse de deux variétés, hypothèse dont le sort sera réglé par les botanistes, nous pensons qu'il est possible de donner une autre interprétation du fait en question ; les algologues qui ont étudié les *L. flexicaulis* des eaux froides, indiquent en effet que si la repousse de la lame est toujours un phénomène annuel, en revanche, la sporulation n'est que bisannuelle (1). D'après Kylin, seuls les individus

(1) DEBRAY, *Florule des algues marines du nord de la France.* — OLTMANN, *Morphologie und Biologie der Algen,* 1922.

âgés de deux ans sont susceptibles de se reproduire. Il est possible que ces observations s'appliquent sans restriction aux algues norvégiennes ; elles ne sont pas aussi absolues dans le cas des algues bretonnes, car les deux types que nous avons rencontrés à Bréhat portaient des sores, mais la sporulation était très inégale : très petits et peu nombreux chez les individus à lame brune, coriace et divisée, ils étaient presque normaux sur les autres. Il est donc possible, si réellement les *L. flexicaulis* sont originaires des eaux froides du Nord, que certains individus aient conservé dans une certaine mesure le caractère bisannuel ancestral de la sporulation, et que celui-ci, atténué en général par l'influence des eaux océaniques chaudes, se soit manifesté d'une façon particulièrement nette, cette année, en raison du manque d'insolation. Les observations relatives aux *L. flexicaulis* des îles Saint-Quay, particulièrement éprouvés par ces conditions climatériques en raison de leur émersion prolongée, semblent apporter un argument assez sérieux à l'appui de cette interprétation.

Le *L. flexicaulis* adulte présente, comme la plupart des autres laminaires, 3 parties essentielles :

1° *Le crampon*, sorte de plateau formé de couronnes concentriques de rameaux ; ce crampon sert principalement, sinon exclusivement, à la fixation de la plante ; chaque année, en février-mars, il se développe à l'extérieur des précédentes une nouvelle couronne de tentacules, d'abord jaune clair, puis bruns, qui viennent se fixer progressivement autour des premiers ; du nombre de couronnes on peut déduire l'âge approximatif de l'individu, et on constate ainsi qu'un pied de *L. flexicaulis* peut vivre facilement 4 années ;

2° Le *stipe*, tige généralement cylindrique et brune, lisse ou rugueuse, suivant l'âge de la plante, sert d'organe de soutien mais aussi d'organe de réserve. Ce stipe s'allonge chaque année au printemps par sa partie supérieure de 2 ou 3 centimètres en moyenne, et il est facile, à cette époque, de distinguer la nouvelle pousse à sa consistance plus tendre et à sa couleur jaune clair. Le stipe a donc le même âge que le pied ;

3° La *fronde* ou *lame*, comprenant une partie basale non divisée et des lanières plus ou moins longues ; la lame se renouvelle chaque année au printemps, dans l'espace d'un mois environ, mais sa croissance continue ensuite d'une façon lente et régulière et elle est accompagnée d'une usure qui provoque l'élimination progressive des extrémités distales.

C'est la fronde, et en particulier la partie divisée, qui porte les sores, taches pigmentées irrégulières, d'où s'échappent les oospores. C'est elle aussi qui est le siège des phénomènes d'échange nécessaires à la nutrition de l'algue.

Entre la fronde et le stipe se trouve une partie charnue généralement vert jaunâtre, appelée *zone stipo-frondale*, qui constitue la partie vitale essentielle de l'algue ; un individu sectionné au-dessous de cette région meurt rapidement ; si le sectionnement est fait au-dessus, l'algue peut continuer à vivre, ou tout au moins à végéter un certain temps. Nous verrons que cette zone stipo-frondale dispose d'une puissance de concentration remarquable, qui se manifeste en particulier vis-à-vis de l'iode.

Il est probable que la région qui relie le stipe au crampon bénéficie, au moins dans une certaine mesure, d'une faculté analogue.

La description histologique des *L. flexicaulis* sortirait du cadre de ce mémoire ; elle a été étudiée d'une façon très complète par M. Sauvageau (1), de même que le développement de la plantule. Rappelons seulement qu'on ne rencontre pas chez les *L. flexicaulis* de canaux analogues à ceux que M. Guignard a découvert chez les *L. Cloustonii*, et que les tissus de la lame paraissent très homogènes en surface, les pigments bruns et verts étant bien entendu localisés sur les faces externes.

Évolution normale du L. flexicaulis

Cette évolution est caractérisée, comme il a été dit, par deux périodes d'activité végétative, correspondant à la repousse annuelle et à la sporulation et séparées par des périodes plus longues de moindre activité sans qu'il y ait cependant à aucun moment arrêt complet de croissance.

La repousse annuelle s'est produite en 1924 comme d'habitude en janvier et février sur les côtes bretonnes, un peu plus tôt dans les eaux océaniques, un peu plus tard dans la baie de Saint-Brieuc (2). D'une marée à l'autre, c'est-à-dire dans l'intervalle d'un mois, on observe la formation de la nouvelle couronne du crampon, l'allongement de la partie supérieure du stipe, et le remplacement de l'ancienne fronde, coriace, pigmentée en brun, divisée complètement et garnie d'épiphytes calcaires (spirules), par une nouvelle lame de longueur à peu près égale, verdâtre, tendre, très incomplètement divisée et exempte d'épiphytes ; presque toujours, les tissus nouveaux et anciens sont séparés par un calle dur et épais ; si la repousse est rapide et vigoureuse (3), les vieilles lanières adhèrent aux jeunes lames pendant un temps suffisant pour qu'on les retrouve presque entières (1922) ; en temps normal, leur usure suit de près le développement de la nouvelle fronde, et il n'en subsiste que des rudiments qui achèvent bientôt de disparaître.

La deuxième période d'activité coïncide avec l'apparition des sores. En 1923, année normale, ceux-ci ont commencé à se former dans le courant de septembre, tout au moins dans la baie de Saint-Brieuc ; octobre et novembre ont vu la pleine fertilité de ces sores, qui n'étaient plus guère représentés à la fin de décembre que par quelques taches rudimentaires stériles. Il y a lieu de remarquer qu'à mesure que les oospores sont libérées (le phénomène débute toujours par la partie distale), les portions

(1) *Mémoires de l'Académie des Sciences*, t. CLVI, 2e série.
(2) *Bulletin de l'Office des Pêches*, n° 26, p. 10.
(3) Elle a atteint, en 1922, la proportion moyenne de 2 à 3 cm. par jour.

correspondantes des lanières se dessèchent, blanchissent et s'usent très rapidement ; comme la croissance générale de la fronde est loin d'être aussi rapide, il en résulte un raccourcissement très appréciable de cette dernière.

Dans les intervalles de ces deux phases, la lame continue à se développer à peu près uniformément sur toute sa longueur, avec une vitesse appréciable au printemps et en été, d'une façon beaucoup moins sensible en hiver ; au cours de cette dernière période, l'aspect général ne se modifie pas : les tissus, normalement pigmentés en brun pendant l'été, conservent leur couleur et deviennent seulement plus coriaces ; au contraire, c'est entre mars et juillet-août que les jeunes frondes, primitivement vertes, tendres et incomplètement divisées prennent progressivement la teinte brune et la consistance ferme qu'elles conserveront jusqu'à la repousse de l'année suivante.

Variation des principaux constituants aux diverses phases de l'évolution de l'algue

Nous n'envisagerons ici que les éléments qui présentent une relation bien établie avec l'iode normal ou dissimulé.

Humidité. — Elle ne semble pas varier beaucoup dans le stipe (de 83 à 86 % en moyenne). Dans la fronde, au contraire, les écarts sont plus grands ; atteignant 85 % dans la nouvelle pousse, la teneur en eau diminue ensuite progressivement jusqu'en automne où elle tombe à 73-74 % pour rester ensuite à peu près stationnaire.

Sels de concentration solubles. — Ces sels, constitués surtout par du chlorure de potassium avec un peu de chlorure de magnésium, sont très abondants (40 % du poids des tissus secs) dans les jeunes lames ; ils diminuent ensuite très rapidement au cours de l'été et ne dépassent pas le taux de 10 à 15 % dans les lames pigmentées. Quant aux stipes, les variations y sont bien moins fortes, mais nos déterminations sont trop incomplètes pour permettre d'en établir la marche.

Composés calciques. — La proportion des cendres infusibles et insolubles varie en sens contraire des sels de concentration. Faible en mars, avril et mai, elle augmente considérablement au cours de l'été, et en hiver elle atteint et dépasse même parfois la proportion des chlorures.

Laminarine. — M. le Professeur Lapicque a établi que la laminarine apparaît en avril ou mai, suivant les années, et qu'elle atteint son maximum en septembre ; il y a ensuite diminution progressive et, en décembre ou janvier, sa consommation est achevée. Nous ne pouvons que confirmer ces résultats. Les sucres réducteurs présentent des variations du même ordre. A cet égard, le stipe et la fronde fournissent des courbes à peu près parallèles, mais les teneurs respectives du premier sont notablement plus faibles que celles de la lame.

Algine. — Nous avons publié dans notre dernier mémoire un certain nombre de chiffres se rapportant aux variations de l'algine ; une cause d'erreur signalée alors diminue malheureusement la signification de ces chiffres. Il nous paraît aujourd'hui beaucoup moins certain que la teneur en algine des algues d'une même région subisse de grandes variations avec la saison. En revanche, les propriétés et la forme de combinaison de ce constituant sont très différentes dans les jeunes lames et dans les frondes d'été et d'hiver.

L'algine de printemps est infiniment plus visqueuse et moins acide ; elle est à peine salifiée par la chaux et possède en revanche, vis-à-vis des sels solubles et des acides minéraux, une puissance d'absorption très grande. L'algine d'été ou d'hiver, au contraire, existe dans l'algue surtout sous forme de combinaison calcique ; ses solutions sont moins colloïdales, et abandonnent très facilement au lavage les sels solubles.

Nous donnerons dans la IIIe partie de ce mémoire quelques indications préliminaires sur la constitution et les propriétés de cette algine, et nous montrerons en particulier que ce changement de propriétés peut être attribué à une oxydation des liaisons des chaînons carbonés.

Iode. — 1° *Iode total*. Dans une année normale et pour une même région, la teneur en *iode total* paraît sensiblement constante pour la période comprise entre la fin de la sporulation et le début de l'été suivant ; pour la région des Iles Saint-Quay, elle est voisine de 0,7 % des tissus secs. A mesure que l'insolation augmente, et surtout lorsque ses effets s'intensifient en raison des émersions de plus en plus prolongées, le taux d'iode total s'élève, atteignant par exemple 0,9 en juillet-août, puis un chiffre qui semble être un maximum pour toutes les algues d'eau froide ou mixte, et qui se maintient aux environs de 1,05.

A Bréhat, en été, le taux est un peu plus faible (0,55 à 0,65) ; nous n'avons malheureusement pas pu poursuivre les déterminations à l'époque de la sporulation. Dans le Finistère, la diminution est encore plus accentuée ; à Wimereux, au contraire, la récolte de novembre dernier nous a fourni les chiffres les plus élevés que nous ayons jamais obtenus, et qui dépassent 1,1 %.

Tous ces résultats se rapportent aux frondes, mais il semble résulter de nos dernières séries d'analyses, qu'à condition d'atteindre un temps suffisant, le taux maximum d'iode total est le même dans le stipe, dans la zone stipo-frondale et la lame.

Le retour au chiffre primitif 0,7, dans la fronde, correspond à peu de choses près à l'époque où les sores ont disparu et où la teinte brune des algues fraîches n'a plus de stabilité et disparaît dès le début de la dessication. Dans le stipe, au contraire, les teneurs élevées semblent se maintenir jusqu'à l'époque de l'apparition de la jeune pousse.

2° *Iode dissimulé*. — Il est indispensable de suivre non seulement les variations du taux de dissimulation, mais en même temps celles de la stabilité de cette dissimulation. Celle-ci est en effet très différente dans le stipe et dans la fronde suivant l'époque de l'année et selon qu'on expérimente pendant les périodes végétatives ou pendant celles qui les précèdent et qui correspondent à une accumulation de réserves.

Les seules méthodes qui permettent dans tous les cas de déterminer le taux initial d'iode réel, et d'en déduire par différence le taux d'iode dissimulé, sont le *bisulfitage immédiat* à chaud et l'*incinération immédiate*, sans dessiccation préalable. Elles ne sont pas toujours d'application commode. La conservation dans le bisulfite froid ou la saumure de chlorure de potassium à 6 %, d'emploi plus facile, ne fournissent de résultats concordants que lorsque l'iode dissimulé a une certaine stabilité, et à condition que les échantillons soient traités très rapidement (24 ou 48 heures après). Quant à la dessiccation progressive à 105°, elle comporte souvent des retours partiels à l'iode réel, surtout dans le cas des stipes.

En dépit de ces difficultés pratiques, nous avons réussi à déterminer d'une façon assez précise, au cours d'une année entière, les variations des deux caractéristiques de l'iode dissimulé.

De janvier à février, c'est-à-dire avant la repousse, le taux de dissimulation est de l'ordre de 50 % dans la fronde ; il atteint 70 à 80 % dans le stipe. La stabilité est très grande dans la première ; elle est d'autant plus forte dans le stipe qu'on se rapproche de la zone stipo-frondale. Celle-ci exerce d'ailleurs, d'une façon constante, une influence stabilisatrice sur les tissus voisins *sauf dans le cas des jeunes lames* de mars-avril.

A l'époque de la repousse et jusqu'en mai tout au moins, la proportion et la stabilité de l'iode dissimulé diminuent très rapidement ; dans la jeune lame, en particulier, le chiffre d'iode initial (0,58-0,59) tend à se rapprocher de plus en plus du chiffre maximum (0,74) mais nous n'avons jamais pu constater une coïncidence complète des deux valeurs.

La repousse achevée, l'algue paraît procéder à la reconstitution de sa réserve, dont la stabilité augmente, et en août, par exemple, nous avons retrouvé cette année les rapports de janvier aussi bien dans le stipe que dans la fronde des *L. flexicaulis* de Bréhat.

L'époque de la sporulation a donné lieu à des observations assez différentes en 1923 et en 1924 ; nous pensons que les perturbations qui seront signalées plus loin et qui se sont manifestées l'automne dernier, sont dues à l'absence d'insolation et à l'abondance des pluies, et nous considérons au contraire comme normales les variations observées l'an dernier. Voici en quoi elles consistent :

Pour le stipe, pas de modifications essentielles au régime d'été. Dans la fronde, au contraire, le taux initial d'iode réel s'élève progressivement jusqu'à atteindre une valeur très constante de 0,7, voisine du taux maximum de tout le reste de l'année ; en même temps, l'iode total a augmenté et finit par être sensiblement constant et égal à 1,05. Le rapport *iode dissimulé : iode total* a donc diminué jusqu'à une limite qui s'est maintenue pendant 2 ou 3 mois et qui peut être représentée par la fraction 2/3.

Durant toute cette période, la stabilité de l'iode dissimulé est extraordinairement grande ; seule une autolyse énergique ou l'action prolongée du bisulfite de chaux à froid a permis le retour complet de l'iode dissimulé à l'iode normal. Nous essaierons, dans la IIIe partie, de formuler une interprétation de ces résultats.

Enfin, lorsque la sporulation est achevée et que le taux d'iode total revient à sa valeur primitive, la proportion d'iode dissimulé augmente automatiquement et on retombe peu à peu sur les rapports signalés plus haut pour janvier et février (1 : 2 environ).

Perturbations observées au cours de l'automne 1924

Nous comptions sur la campagne d'automne pour aborder l'étude de l'iode dissimulé dont la stabilité particulière à cette époque devait nous faciliter l'extraction. Il n'en a rien été : les frondes des *L. flexicaulis* récoltées aux Iles Saint-Quay étaient malingres, très peu pigmentées en brun et couvertes d'épiphytes végétaux ; puis la sporulation a été très faible, les sores étant petits et très peu nombreux. D'autre part, la méthode de bisulfitage, qui devait nous permettre de déterminer le taux maximum, s'est montrée pour la première fois inapplicable (1). Enfin, l'incinération des quelques échantillons conservés tels quels en vase clos, au lieu de fournir des chiffres de l'ordre de 1,05, conduit à admettre, ou une stabilité anormale de la forme dissimulée empêchant la montée à partir du taux initial (0,68-0,69), ou bien, ce qui nous paraît plus vraisemblable, à supposer que le manque d'insolation n'a pas permis ou a arrêté plus tôt que d'habitude l'accumulation de la forme de réserve qui caractérise normalement les frondes fertiles.

En fait, si en septembre il a été possible d'obtenir deux séries de chiffres à peu près normaux (0,68 et 0,91), en octobre une descente a été constatée, le maximum atteignant à peine 0,7, et le taux initial 0,45. La stabilité de l'iode dissimulé était d'ailleurs très faible.

Pour les stipes, le taux maximum normal s'est maintenu (0,91 en septembre, 1,06 en octobre), avec encore absence presque complète de stabilité de l'iode dissimulé.

La même observation a pu être faite sur des *L. flexicaulis* récoltés fin novembre à Wimereux, avec cette différence toutefois que l'immersion beaucoup plus complète des champs d'algues les a protégés contre l'action nocive de la pluie : les frondes, petites mais riches en pigments bruns, étaient très propres et les stipes plus vigoureux qu'en baie de Saint-Brieuc. Au point de vue de l'iode, ces derniers ont donné des chiffres normaux (taux initial 0,58, taux maximum 1,14) ; quant aux frondes, très faiblement sporulées, elles ne semblent pas non plus renfermer d'iode dissimulé stable, car elles ont fourni après dessiccation la teneur maximum 1,10,

(1) Voy. p. 14.

Nous pensons que les perturbations de cet automne auront une répercussion sur la prospérité des champs d'algues l'an prochain, tant au point de vue de la multiplication des pieds qu'à celui de la repousse annuelle ; cette répercussion sera plus sensible en baie de Saint-Brieuc que dans les régions soumises au régime océanique.

B. Conditions de transformation de l'iode normal et de l'iode dissimulé.

Les expériences relatives à la transformation de l'iode dissimulé en iode normal peuvent être réparties en deux catégories : les unes, les plus anciennes, ont trait à la variation que subit l'iode normal à partir du taux initial dans un tissu déterminé, lorsqu'on conserve l'algue, sectionnée ou non, à l'air libre, dans des conditions qui permettent de réaliser une dessiccation plus ou moins régulière et plus ou moins complète, mais spontanée ; les autres se rapportent aux variations qui se produisent lorsque les échantillons, conservés en vase clos, sont soumis à l'action de réactifs variés. Dans le premier cas, les résultats analytiques pourraient être incriminés au double point de vue des pertes d'iode par volatilisation, et de la variation du poids de matière sèche provoquée par les phénomènes respiratoires (combustion de la laminarine par exemple) ; mais nous avons vérifié à maintes reprises que la volatilisation de l'iode, toujours très faible au cours des calcinations, est absolument nulle pendant la dessiccation ; quant à la deuxième cause d'erreur, en admettant qu'elle intervienne au maximum, les changements qu'elle pourrait apporter à la valeur des résultats d'analyse sont d'ordre très inférieur aux variations observées, étant données les teneurs en matières organiques susceptibles d'être transformées en produits gazeux. Les chiffres fournis par les expériences de la première catégorie peuvent donc être considérés comme donnant une indication exacte du sens et de l'ordre de grandeur de la transformation spontanée de l'iode lorsque les tissus ne subissent d'autre modification que celle qui résulte de leur déshydratation.

La seconde série d'expériences est à l'abri des critiques formulées plus haut ; par contre, les variations du taux d'iode ne sont plus spontanées, mais elles sont la conséquence d'actions chimiques et physiques arbitraires, consistant en autolyses ou fermentations, en dialyses, en réductions, etc. ; leur signification est donc limitée aux valeurs maxima du taux de transformation et à la vitesse avec laquelle cette transformation se produit dans diverses conditions. Elles ont cependant permis d'éclaircir la nature même du phénomène, et de montrer, entre autres, que si ce dernier est indépendant en soi de la vie de l'algue, la vitesse avec laquelle il se produit est en dépendance directe de la matière protoplasmique.

1° *Variation de l'iode normal du L. flexicaulis pendant la dessiccation.*

Presque toutes les expériences relatives à cette étude ont porté sur des individus sectionnés au-dessus du crampon et conservés pendant un temps variable dans un séchoir, à l'abri de la pluie, du vent et de la grande lumière. Dans nos anciennes expériences (1921), le taux initial n'a pas été déterminé sur les algues fraîches, et les analyses de la première série, faites de suite après le transport à Paris, donnent la teneur en iode d'échantillons conservés sur place parfois un certain nombre de jours après la récolte ; la deuxième série d'analyses a été faite au bout de quinze jours, un mois et même deux mois de séjour dans le séchoir de Paris. Il en résulte que le début du phénomène nous a échappé complètement dans cette première étude, et que les variations observées correspondaient simplement à une période de dessiccation intensive. En réalité, on observe, dans ces conditions, toujours une diminution du taux d'iode dosable. Nous reproduisons ici les résultats de quelques dosages effectués en 1921, tant sur les *L. flexicaulis* que sur les *L. Saccharina* qui se comportent d'une façon analogue : seules les frondes ont été étudiées.

	Dates des analyses.	
	23 Juillet	*5 Novembre*
L. flexicaulis (*9 juillet*, Roscoff)	0,60	0,45
	4 Octobre	*7 Novembre*
(2 octobre, Portrieux)	1,88	0,97
	22 Juillet	*31 Juillet*
L. saccharina (7 juillet, Portrieux)	0,71	0,55
	22 Août	*6 Octobre*
— (5 août, Roscoff)	0,70	0,65

Les expériences d'août-septembre 1923 et surtout celles de 1924, effectuées à notre Laboratoire de Bréhat, ont permis d'étudier le phénomène d'une façon plus complète, en ce sens que, le taux initial ayant été déterminé sur un lot d'algues fraîches, la variation de l'iode a pu être suivie sur le même lot, conservé dans des conditions de dessiccation assez régulières, et à des dates assez rapprochées les unes des autres. Dans ces conditions, on observe d'abord un accroissement qui est suivi de la diminution constatée dans les essais antérieurs.

Parmi les nombreuses expériences qui ont été faites, la série suivante met nettement en évidence l'allure du phénomène ; elle se rapporte à des *L. flexicaulis* récoltés à Bréhat le 15 août 1924, et analysés successivement 2 heures (*a*), 48 heures (*b*), 4 jours (*c*) et enfin 10 jours (*d*) après la récolte. Le stipe et la fronde ont été étudiés simultanément.

	a	*b*	*c*	*d*
Stipe	0,13	0,658	0,54	0,43
Fronde	0,23-0,24	0,27	0,54	0,30

Ces chiffres montrent également que l'accroissement initial, observé aussi lorsque stipe et fronde étaient sectionnés dès le début, ne peut être imputé à un transport momentané d'iode d'une partie de l'algue à l'autre, puisque la montée a lieu partout en même temps. Ils semblent indiquer aussi que la transformation de l'iode dissimulé en iode normal est d'autant plus rapide que le tissu expérimenté est plus rapproché de la région lésée. Cette supposition paraît confirmée par des analyses effectuées sur des échantillons du même lot qui ont été conservés jusqu'au 8 septembre dans le même séchoir, mais dont le crampon n'a été séparé du stipe qu'au moment du dosage. Les chiffres d'iode obtenus ont été en effet de 0,21 pour le stipe et de 0, 27 pour la fronde, c'est-à-dire que le taux initial ne semble pas avoir varié beaucoup dans ce cas où il n'y a pas eu de lésion. D'ailleurs les échantillons avaient conservé leur coloration et leur texture primitives. Des résultats semblables ont été obtenus en novembre 1923. L'accroissement rapide de l'iode normal apparaîtrait donc comme une réaction spontanée de l'algue contre les traumatismes qu'on lui fait subir.

Une dernière conséquence des observations précédentes, et non la moins importante, est que le passage de la forme dissimulée à la forme normale de l'iode est un phénomène réversible. En fait, cette réversibilité a été retrouvée depuis chez des échantillons conservés quelque temps en vase clos sans intervention de la chaleur ou de réactifs chimiques, c'est-à-dire dans des conditions telles que la matière protoplasmique n'a pas subi d'altération profonde.

Il serait évidemment nécessaire de reprendre ces expériences d'une façon systématique et avec plus de précision, par exemple en maintenant les algues dans une chambre à dessiccation close, dans des conditions constantes de température et d'hygrométrie. Nous pensons néanmoins que les résultats indiqués ci-dessus, malgré leur imperfection, impliquent l'existence, dans l'algue vivante, d'un équilibre labile entre l'iode dissimulé et l'iode normal, équilibre maintenu assez constant pour une même saison, une même température et une même salinité par les échanges qui ont lieu entre l'algue et la mer. L'interruption de ces échanges, la dessiccation plus ou moins rapide et les lésions résultant du sectionnement provoquent un déséquilibre dont la conséquence automatique est d'abord un retour de l'iode dissimulé à l'iode normal, suivi bientôt du phénomène inverse, de sorte que le système se rapproche de l'état primitif à mesure que s'atténue, par suite de l'uniformisation des effets de nécrose, le déséquilibre initial.

2º Limite et vitesse de transformation de l'iode dissimulé en iode normal.

D'octobre 1923 à mai 1924, chaque grande marée a été l'occasion de récoltes abondantes et d'expériences en série; nous avons ainsi déterminé peu à peu les facteurs qui règlent les variations réciproques de l'iode réel et de l'iode dissimulé en dehors de toute évolution biologique et de tous gains ou pertes par échange avec le milieu ambiant. C'est au cours de cette campagne que les notions de taux initial et de taux de montée maximum se sont précisées et que l'influence remarquable de la zone stipofrondale sur le sens de la variation a été mise en évidence. Enfin, c'est en automne 1923 que l'action de la lumière a été entrevue. Nous pensons donc qu'il ne sera pas sans intérêt de reprendre, marée par marée, les expériences effectuées durant cette période, et de montrer comment ces résultats expérimentaux nous ont amené logiquement à une conception rationnelle du phénomène.

Marée des 26-27 août 1923 (Bréhat). — Deux lots de *L. flexicaulis* sont récoltés à 24 heures de distance, à la même place ; les algues propres, très pigmentées, coriaces, sont tout à fait au début de la sporulation. Le premier lot, récolté par temps pluvieux et frais, est transporté immédiatement dans le séchoir où il est maintenu 48 heures ; le deuxième lot, récolté par temps très clair et assez sec, est soumis en raison d'un incident de navigation, pendant les 3 heures qui suivent la cueillette, à l'action de la lumière intense du jour, puis il est transporté dans le séchoir où il séjourne 24 heures. L'analyse des frondes des deux lots a été faite simultanément le jour suivant. Voici les résultats obtenus :

	Humidité	Iode
	—	—
Lot 1	40 %	0,64-0,66
Lot 2	50 %	0,28

Huit échantillons du lot 2, pesant en tout 1.275 gr, 5 (humidité 50 %) sont immergés le jour même de l'analyse dans une dissolution de chlorure de potassium (666 gr.) dans de l'eau de mer (5 l. 200), et conservés environ 2 mois dans cette saumure. Le dosage de l'iode dans la solution donne alors, compte tenu du liquide retenu par les algues, le chiffre de 0,23 %, et le bisulfitage complémentaire du résidu 0,24 %.

Si nous décrivons cette expérience avec autant de détails, c'est qu'elle contient en germe les caractères fondamentaux de la transformation de l'iode dissimulé, à l'exception toutefois du rôle de la zone stipofrondale ; nous trouvons, en effet, l'indication du *taux initial* (0,23-0,24 %), chiffre retrouvé identiquement l'année suivante à la même époque ; la *stabilisation* de ce taux par la lumière intense et directe, et par conservation dans un milieu de *forte concentration saline* ; la *stabilisation un peu moins absolue* par dessiccation à 100-105° (0,28, chiffre retrouvé également en 1924) ; enfin l'*accroissement* initial rapide dans les tissus non stabilisés (0,64-0-66).

Ces conclusions nous semblent aujourd'hui évidentes, car elles sont appuyées par une année entière d'expérimentation ; mais à l'époque où les chiffres précédents ont été obtenus, ignorant tout de l'iode dissimulé, nous considérions la teneur basse du lot 2 comme la conséquence d'une perte d'iode par volatilisation (le taux normal étant 0,64-0,66), tandis qu'elle résultait d'une stabilisation du taux initial.

La même interprétation erronée a été formulée à la marée suivante

(11 septembre) à la suite d'analyses effectuées sur des *L. flexicaulis* récoltés au Portrieux, et dans lesquelles nous trouvions, le 15 septembre, une teneur de 0,355 et un mois plus tard une teneur de 0,70.

Marée du 9 octobre (Iles Saint-Quay). — C'est à partir de cette marée que les prescriptions indiquées p. 8 et 9 pour l'échantillonnage ont été appliquées. Les algues récoltées, saines et pigmentées, sont en pleine sporulation. Les lames seules ont été expérimentées, le sectionnement étant pratiqué à peu près au point de jonction de la lame et du stipe.

a) Une fronde est divisée dans le sens des lanières en deux parties sensiblement égales ; chaque moitié est mise de suite à l'étuve, et l'iode est dosé ultérieurement par incinération après dessiccation complète. Un deuxième échantillon est enfermé en même temps dans un flacon bouché à l'émeri avec une quantité connue de bisulfite de chaux ; l'analyse en est faite quelques jours après par la méthode ordinaire. Voici les résultats obtenus :

	Humidité	Iode
	—	—
1re demi-lame	79,8	0,74-0,75
2e demi-lame	82,0	0,70-0,71
Lame conservée dans le bisulfite	81	0,72

b) Deux échantillons sont conservés séparément dans des flacons bouchés à l'émeri, sans aucune addition et analysés 20 jours après, l'un par incinération (A), l'autre par bisulfite (B). Résultats :

Iode %	A 1,03	B 0,99

A l'ouverture des flacons nous avons perçu une odeur basique très accentuée (triméthylamine).

c) Un échantillon est conservé pendant le même temps dans la saumure d'eau de mer et de chlorure de potassium, puis analysé par bisulfitage.

Teneur en iode . . . . 0,80 %

De ces chiffres nous avons déduit les conséquences suivantes qui ont été vérifiées aux marées ultérieures :

Existence d'une teneur constante d'iode dans les frondes d'algues fraîches, pour une même région et une même époque (*taux initial*) ; *répartition uniforme* de cet iode dans les tissus de la fronde dans le sens des lanières ; *stabilisation* plus ou moins complète de ce taux par conservation dans la saumure et dans le bisulfite de chaux ; *accroissement* de l'iode initial par autolyse spontanée des tissus jusqu'à une *limite également constante* pour une même région et une même époque, limite retrouvée d'ailleurs aux marées suivantes, ce *taux maximum* présentant le même caractère de *répartition uniforme* que le taux initial ; enfin, *concordance* des résultats analytiques fournis par deux méthodes essentiellement différentes pour le taux initial et pour le taux maximum ; cette concordance qui ne se retrouve pas toujours lorsque l'iode dissimulé est en cours de transformation, n'est pas absolument rigoureuse, mais nous pouvons affirmer aujourd'hui qu'elle l'eût été si le sectionnement avait été pratiqué, comme il l'a été plus tard, nettement au-dessus ou au-dessous de la zone stipofrondale.

Une dernière expérience, fort curieuse, a été faite à la marée d'octobre qui, malheureusement, n'a pu être répétée cette année en raison des conditions météorologiques ; voici en quoi elle consiste :

Deux frondes sectionnées de suite après la récolte sont conservées d'abord pendant une nuit à l'intérieur d'une chambre ; l'une d'elles est exposée le lendemain à la grande lumière du jour, au voisinage immédiat de la mer, tandis que l'autre est maintenue dans la pièce à la lumière diffuse. La première fronde a séché et verdi ; la deuxième est restée brune. L'iode a été dosé ensuite dans chaque fronde par incinération :

Fronde exposée à la lumière	1,65-1,66 %
Fronde non exposée à la lumière	0,79

Nous ne pouvons donner, à l'heure actuelle, aucune interprétation de ces résultats.

Marée du 8 novembre (Iles Saint-Quay). — La récolte a été utilisée pour la vérification des conclusions des expériences d'octobre. Aucune attention spéciale n'a été apportée au mode de sectionnement (au-dessous ou au-dessus de la zone stipo-frondale). Les algues sont encore en pleine sporulation. L'humidité est à peine plus faible que le mois précédent (79,3 %). Voici les résultats des dosages d'iode qui ont porté tantôt sur des frondes entières, tantôt sur des demi-frondes :

Taux initial (incinération)	0,58-0,61
— (bisulfite)	0,66
Taux des algues conservées deux mois dans la saumure	0,65-0,70-0,61
Taux d'accroissement maximum	1,09-1,05-1,01-1,08-1,07

Ces derniers chiffres ont été obtenus, partie avec des frondes adultes, fertiles et pigmentées, partie avec des frondes jeunes peu ou pas pigmentées et stériles. L'iode total est donc indépendant, dans une certaine mesure, de l'âge des tissus. Quelques échantillons, provenant exclusivement d'individus adultes, et conservés pendant des temps variables dans le bisulfite de chaux à froid, ont fourni des chiffres intermédiaires (0,79, 0,86, etc.). Nos expériences de février-mars 1924 établissent avec certitude que ces accroissements incomplets sont provoqués par des différences dans le mode de sectionnement. L'égalité de répartition dans les deux moitiés d'une même lame a toujours été observée.

Marée du 24 décembre 1923 (Iles Saint-Quay.) — Par suite du faible coefficient de la marée, les *L. flexicaulis* recoltés à cette époque diffèrent notablement des algues sur lesquelles nous opérons habituellement ; ils ressemblent à s'y méprendre au type *sec* de Bréhat ; leur habitat était beaucoup plus élevé et les sores avaient disparu. Au point de vue de l'iode, le taux initial se rapproche aussi des chiffres obtenus avec les laminaires bréhatines ; par contre, le taux d'accroissement est resté le même :

		Humidité	Iode
		—	—
Taux initial (incinération)	Fronde	83 %	0,42-0,41-0,44
	Stipe	86,6	0,30
Taux maximum	Fronde		1,08-1,04-1,09

L'accroissement a été observé chez des échantillons conservés soit dans le bisulfite de chaux, soit dans l'eau de mer seule.

Marée des 27-28 février 1924 (Iles Saint-Quay). — A cette marée, la repousse annuelle ne se manifeste pas encore ; les lames sont brunes, coriaces, entièrement divisées et bien entendu, les derniers vestiges de sores ont disparu. L'humidité est particulièrement élevée, peut-être en raison de la température basse de la mer (9°). Le taux initial n'a pas pu être déterminé par incinération ; par conservation dans le bisulfite, on obtient les chiffres suivants (analyses faites 8 à 15 jours après la récolte) :

	Iode %	Humidité
	—	—
Fronde sectionnée d'une façon quelconque	0,76	86,8
— séparée de la zone stipofrondale	0,76	—
— maintenue avec la zone stipofrondale	0,44	—
Stipe (montée partielle probable)	0,55	88,7

Pour la première fois, une expérience a été faite en vue de déterminer l'influence de la zone stipofrondale. On voit que cette influence est *stabilisatrice de l'iode dissimulé,* mais nous verrons qu'il n'en est ainsi que dans le cas des tissus anciens (stipes ou frondes pigmentées). La même observation a été faite en août 1924 sur des algues de Bréhat :

Taux initial 0,27 — Taux maximum 0,54

Frondes conservées 15 jours dans le bisulfite :

Avec la zone stipofrondale 0,36.

Sans la zone stipofrondale 0,47.

Une expérience intéressante, faite sur les stipes, révèle, non une répartition inégale de l'iode dans le sens de la longueur, mais plutôt une stabilité de la forme dissimulée variable avec la distance de la zone stipofrondale : un certain nombre de stipes sont coupés de suite après la récolte en trois tronçons sensiblement égaux, et les tronçons correspondants sont réunis et introduits dans des bocaux fermés. Après 8 jours, l'iode est dosé dans chaque série par bisulfitage :

	Humidité	Iode
	—	—
Tiers inférieur	81,9	0,41
— moyen	81,5	0,23
— supérieur	78	0,23

Le taux de montée maximum dans les stipes entiers est de 0,50.

Enfin, c'est à la marée de février que, pour la première fois, des échantillons de frondes ont été préparés dans les tubes pyrex en vue de comparer les résultats obtenus par combustion intégrale avec ceux fournis par les autres méthodes. Quatre frondes ont été découpées en lanières ; avec chacune d'elles, nous avons d'abord rempli 3 tubes pyrex, et le reste a été introduit dans un flacon témoin taré avec une quantité connue de bisulfite de chaux. De quinzaine en quinzaine, une série de tubes et le flacon correspondant ont été analysés. Voici les chiffres obtenus, rapportés à 100 p. d'algue humide, l'humidité n'ayant pu être déterminée au moment de l'échantillonnage :

	1re série	2e série	3e série	4e série
Combustion	0,134	0,203	0,128	0,133
Bisulfitage	0,131	0,172	0,159	0,255

L'expérience n'est pas décisive, car le sectionnement a malheureusement été effectué sans précaution spéciale ; on peut toutefois admettre que pour les lanières d'une même fronde, c'est-à-dire pour chaque série, la proportion de zone stipofrondale conservée est à peu près uniforme. En tous cas, on ne peut mettre en doute ni la concordance des taux initiaux, ni l'accroissement considérable de l'iode dans le quatrième échantillon bisulfité par rapport aux tubes correspondants ; à noter que dans la combustion de la première série, il *n'y a pas eu production d'iode volatil ;* dans les suivantes, la quantité n'a jamais atteint 2 milligrammes pour chaque série de 3 tubes.

Marée du 22 mars (Iles Saint-Quay). — De février à mars, l'ancienne lame a été éliminée à peu près complètement et remplacée par une nouvelle fronde, tendre, non divisée à sa partie inférieure et non pigmentée en brun. Le taux initial n'a pas pu être déterminé. Les expériences ont porté exclusivement sur l'influence de la zone stipofrondale sur l'accroissement de l'iode normal du stipe et de la fronde dans différents milieux : eau de mer seule, eau de mer et chlorure de potassium (6 %), eau de mer et fluorure de sodium (2 %) ; enfin, à titre de comparaison, des échantillons ont été conservés sans aucune adjonction. Les analyses ont été effectuées dans un délai de 15 jours. Voici les chiffres obtenus :

Fronde (humidité 85,8 %).

	Aucune adjonction	Eau de mer	Eau de mer + KCl	Eau de mer + NaF	Bisulfite
Sans zone stipofrondale	0,58	0,58	0,59	0,74	0,73
Avec zone stipofrondale	0,72	0,81	0,59	0,74	0,71

L'incinération d'échantillons séchés à l'étuve a donné le chiffre 0,58-0,59. On peut donc considérer ce chiffre comme voisin du taux initial, et de suite les conclusions suivantes s'imposent :

Les teneurs en iode sont concentrées autour de deux valeurs remarquablement constantes ; cette régularité résulte évidemment de la netteté du sectionnement, pratiquée pour la première fois à cette marée d'une façon certaine. Contrairement à ce qui a lieu pour les tissus anciens, la présence de la zone stipofrondale pour a effet de favoriser l'accroissement de l'iode dans la fronde ; elle la retarde ou l'empêche, au contraire, dans les stipes correspondants, de sorte qu'à cette époque, le point de jonction du stipe et de la fronde constitue une région d'inversion de la stabilité. Or, les jeunes lames de mars renferment une quantité exceptionnellement forte de chlorure de potassium (40 %), et nous pensons que l'abondance de ce sel est l'un des facteurs de cette inversion. Des arguments d'un autre ordre seront exposés plus loin, qui viennent appuyer cette idée.

L'influence de la zone stipofrondale ne se manifeste d'ailleurs que dans certains milieux ; ainsi, dans la saumure de chlorure de potassium qui stabilise l'iode dissimulé dans tous les cas, et dans le fluorure et le bisulfite qui la facilitent, nous n'avons pas observé de différence.

Les chiffres fournis par les stipes sont moins réguliers ; néanmoins le tableau ci-dessous met en évidence l'influence stabilisatrice normale de la zone stipofrondale sur les tissus anciens. Cette influence est d'autant plus remarquable que dans la région en question le taux de montée maximum est très élevé (1,08) ; elle nous semble aujourd'hui devoir être attribuée à l'existence dans cette partie de l'algue d'un composé minéral très volatil qui fonctionne comme antagoniste du retour de l'iode dissimulé à l'iode normal ; ce composé serait susceptible de se dégager d'une façon assez brusque : un bocal renfermant des stipes munis de la zone en question a fait littéralement explosion 6 heures après l'échantillonnage malgré la température basse de la pièce où il se trouvait ; un récipient analogue, contenant des stipes sectionnés au-dessous de la zone stipofrondale, n'a manifesté dans les mêmes conditions aucun indice d'augmentation de pression. Voici les chiffres relatifs aux stipes :

Stipes (humidité, 87,8 %)

	Eau de mer	Eau de mer + KCl	Eau de mer + NaF	Bisulfite
Sans zone stipofrondale	0,58	0,27	0,67	0,44
Avec zone stipofrondale	0,42	0,10	0,34	0,12

L'incinération d'échantillons séchés a donné 0,43-0,44, chiffre qui correspond évidemment à une montée partielle durant le chauffage (voyez p. 40).

Marée d'avril (Îles Saint-Quay). — Les algues ne diffèrent pas sensiblement d'aspect de celles de la marée précédente ; leur taille s'est légèrement accrue. Seuls les taux de bisulfitage et de montée maximum et les humidités ont été déterminés.

	Humidité	Maximum	Conservation dans le bisulfite avec zone	Conservation dans le bisulfite sans zone
Fronde	84,1	0,68	0,24	0,47
Stipe	86,3	0,72	—	—

Marée de mai (Iles Saint-Quay). — Pas de modification à signaler à propos de l'aspect des algues.

	Taux initial (1)	Taux maximum	Humidité
	—	—	—
Fronde	0,32	0,74-0,78	84,5
Stipe	0,29	0,91	86,6
Zone stipofrondale	0,33	0,92	—

On remarquera toutefois que l'écart entre l'iode normal et l'iode total, très faible en mars dans la jeune pousse, est redevenu important. Il semble donc que dès que la poussée végétative est achevée, l'algue recommence à accumuler la forme de réserve.

Les expériences les plus importantes de cette marée ont eu pour objet de déterminer d'une façon précise l'influence du milieu de conservation sur la vitesse de transformation de l'iode dissimulé en iode normal.

Ne pouvant multiplier outre mesure les analyses, nous avons opéré uniquement sur les stipes munis des zones stipofrondales qui, en toutes saisons, manifestent avec le plus d'intensité et de stabilité le phénomène de dissimulation.

Quatre séries, comprenant chacune 4 stipes complets, ont été pesées et enflaconnées de suite après la récolte, dans des bocaux hermétiquement clos, et renfermant respectivement de l'eau de mer, de l'eau de mer et du chlorure de potassium (6 %), de l'eau de mer et du fluorure de sodium (2 %), enfin du bisulfite de chaux dilué au tiers. Les réactifs étaient ajoutés en quantité connue et, pour les trois premiers, jusqu'à affleurement, de façon à éviter toute fermentation aérobie.

Les analyses ont été faites les premières, 10 jours et les autres 15 jours, 24 jours et 31 jours après la récolte à raison, chaque semaine, d'un échantillon de chaque série de réactifs. Voici les résultats obtenus :

	10 jours	17 jours	24 jours	31 jours
Eau de mer	0,68	0,52	0,53	0,77
Eau de mer + KCl	0,35	0,34	0,24	0,36
Eau de mer + NaF	0,48	0,85	0,74	0,57
Bisulfite de chaux	0,71	0,81	0,57	0,88

Ce tableau montre que, sauf une légère inflexion dans la troisième semaine, le taux initial se conserve à peu près sans changement dans la saumure de chlorure de potassium. Nous avons tenu à vérifier qu'il ne s'agissait pas ici d'un simple défaut d'attaque du composé iodé des algues ; à cet effet, nous avons mesuré exactement le liquide de décantation ce qui permet, par différence, d'évaluer exactement la quantité d'iode contenue dans le liquide qui imprègne les tissus ; ceux-ci ont ensuite été incinérés

(1) Déterminé par conservation dans la saumure et non par incinération.

avec toutes les précautions voulues, et l'iode dosé dans les cendres solubles. Les chiffres ci-dessous sont tout à fait démonstratifs :

Quantité d'iode restant dans les algues. Calculé : 0,0308. Trouvé : 0,0307.

Cette vérification a été répétée depuis sur d'autres échantillons avec le même résultat.

Dans le bisulfite de chaux, la transformation de l'iode dissimulé en iode normal paraît assez rapide au début ; mais des dosages hors série montrent qu'à partir du taux initial 0,29-0,32, le taux d'iode s'élève d'abord lentement (0,42 environ le quatrième jour) et que ce n'est qu'ensuite que l'accroissement s'accélère. Cette série présente un chiffre aberrant (0,57 pour la troisième analyse) ; nous ne croyons pas à un retour en arrière qui n'a jamais été constaté dans le bisulfite de chaux, mais nous pensons qu'il s'agit ici d'un individu présentant, pour une raison physiologique ignorée, une stabilité plus grande que la normale. Le dernier chiffre obtenu dans le bisulfite (0,88), se rapproche du taux maximum (0,91-0,92). Disons en passant que le titre en iode des extraits bisulfitiques se maintient indéfiniment.

Les chiffres relatifs à l'eau de mer seule sont assez remarquables ; il semble, qu'au début, les tissus continuent à fonctionner comme si l'algue était encore vivante, de sorte qu'il y aurait pendant quelque temps augmentation de la forme de réserve aux dépens de la forme normale dont le taux d'équilibre ne peut être maintenu en raison de l'élimination de la fronde et de la suppression des échanges. Ensuite, après un plateau, le retour à l'iode normal a lieu, mais avec une vitesse moins grande que dans le bisulfite, et il aurait fallu probablement un 5e ou 6e échantillon pour atteindre le taux maximum.

Enfin le fluorure de sodium agit d'une façon tout à fait singulière, et il nous est impossible d'interpréter les chiffres qui se rapportent à ce réactif. Après une montée rapide et accentuée, aboutissant presque au taux maximum, il se produit un retour à la forme dissimulée, également très rapide, de sorte qu'on retrouve avec une forte amplification l'allure des variations qui se produisent durant la dessiccation spontanée. Provisoirement nous avons dû abandonner l'étude de ce curieux phénomène (1).

3° *Conditions de stabilisation de l'iode dissimulé.*

Toutes les expériences qui viennent d'être relatées ont eu pour objet d'étudier l'allure générale des variations de l'iode dissimulé et de l'iode normal, et de déterminer les conditions de saison, de région et de milieu

(1) L'action du fluorure de sodium sur les algues consiste entre autres en une libération de l'algine ; il y a en effet double décomposition entre NaF et l'alginate de chaux, avec formation de CaF^2 insoluble, et l'alginate alcalin sort des tissus en donnant des solutions extrêmement visqueuses, ce qui n'a pas lieu avec les autres réactifs, sauf parfois avec des solutions salines saturées.

dans lesquelles ces variations se manifestent de la façon la plus nette et la plus intense. Elles ne constituent donc qu'une sorte de reconnaissance préliminaire indispensable, mais n'apportent aucun éclaircissement sur la nature de l'iode dissimulé.

Pour aborder cette dernière question il fallait avant tout trouver un moyen pratique de stabiliser la forme dissimulée, de façon à pouvoir préparer sur place un nombre suffisant d'échantillons susceptibles d'être transportés et traités ultérieurement à Paris.

C'est à la solution de ce problème, en même temps qu'à la vérification des expériences antérieures, qu'a été consacrée la période d'août à fin septembre (marées du 15 et du 31 août, des 13-14 et 29 septembre). Le résultat fut assez satisfaisant : sans parler de la conservation dans la saumure et du bisulfitage immédiat à chaud, qui ne paraissent pas être très pratiques, nous avons réussi à stabiliser le taux initial, sinon définitivement, tout au moins pour un temps assez long, en séchant les algues aussi rapidement que possible à 105° ; nous avons pu montrer de plus que la forme dissimulée ne se volatilise pas dans ces conditions, car on peut ensuite, par un traitement approprié, faire remonter dans les mêmes échantillons séchés la teneur en iode normal jusqu'à la valeur limite, absolument comme si la stabilisation n'avait pas eu lieu. Cette dernière vérification n'a toutefois pu être faite que dans le cas des stipes.

L'expérience a porté sur des échantillons récoltés le 1er septembre à Bréhat :

Un lot de stipes, munis de la zone stipofrondale, a été séché à l'étuve à 105° (bain de chlorure de calcium) à poids constant ; le taux initial, déterminé par incinération et par bisulfitage immédiats, était de 0,27 % ; par dessiccation à l'étuve, il s'est élevé à 0,43, ce qui dénote une stabilité médiocre ; une partie des échantillons séchés ont alors été introduits dans un bocal bouché à l'émeri avec un volume connu d'une dissolution de fluorure de sodium dans l'eau de mer, réactif qui favorise au moins au début le retour de l'iode à la forme normale (voyez p. 38) ; quinze jours plus tard, le dosage de l'iode a été effectué de la manière habituelle ; il a conduit à la teneur maximum 0,71.

Comme contre-épreuve, nous avons soumis au même traitement un échantillon analogue qui avait été chauffé de suite après la récolte avec un volume connu de bisulfite de chaux ; le titre initial étant également 0,27, le taux de montée dans le fluorure et l'eau de mer s'est encore trouvé égal à 0,70.

Donc, dans ces conditions, on peut réaliser une stabilisation de l'iode dissimulé de façon telle que le retour à l'iode normal puisse ensuite être réalisé. Il ne s'agira plus que de trouver le moyen de traiter une grande quantité de matière.

Nous avons insisté sur la nécessité de pratiquer la dessiccation le plus rapidement possible ; en effet, en diminuant la vitesse du chauffage, nous avons obtenu, avec des frondes d'août, des taux d'iode de plus en plus élevés, allant par exemple de 0,23-0,24 à 0,27, puis 0,30 et 0,32 (taux maximum 0,54) ; dans le cas des stipes où la stabilité est moindre, on peut même atteindre le taux maximum en maintenant pendant deux ou trois heures une température comprise entre 80 et 100°.

Un deuxième procédé de stabilisation du taux initial a également été mis au point ; mais il semble que, dans ce cas, la réversibilité soit supprimée, pour une raison tout à fait particulière que nous discuterons dans la IIIe partie de ce mémoire.

Ce procédé consiste à chauffer l'échantillon, introduit dans un tube scellé en verre pyrex, en le plongeant brusquement dans une solution saline ($CaCl^2$ à 70 %), préalablement portée à l'ébullition (115-120° environ) ; le chauffage est continué pendant une demi-heure à trois quarts d'heure. Fait extrêmement important, l'opération ne réussit, au point de vue stabilisation, que lorsque le tissu (stipe ou lanière) a été conservé avec tout ou partie de la zone stipofrondale, et encore semble-t-il que dans le cas des lanières, la stabilisation n'ait qu'une durée assez courte. Dans tous les autres cas, c'est-à-dire lorsque les stipes, chauffés ou non chauffés, sont séparés de la zone stipofrondale, ou lorsque, munis de celle-ci, ils sont conservés un temps suffisant sans être chauffés, on ne constate aucune stabilisation ; la combustion fournit alors le taux maximum et, dans le dernier cas, un nombre intermédiaire.

Voici quelques chiffres obtenus comparativement sur des stipes ou des demi-stipes fendus perpendiculairement au plan de la lame, et provenant, soit de Bréhat, soit de Wimereux ; les premiers ont été analysés près de deux mois après la stabilisation.

	Chauffés	Non Chauffés
Demi-stipes de Bréhat avec zone stipofrondale	0,40	0,80
Stipes de Wimereux avec zone stipofrondale	0,58	0,84
— — sans zone stipofrondale	1,14	1,10

Voici également quelques chiffres relatifs aux frondes, qui montrent que la stabilisation a bien lieu, mais qu'elle est de courte durée. Les échantillons ont été préparés le 28 octobre, au Portrieux.

	Dates des analyses	
	31 Octobre-1er Novembre	11 Novembre
Frondes avec zone stipofrondale, chauffées	0,45	0,68
		18-19 Novembre
— non chauffées		0,69
	31 Octobre-1er Novembre	13 Novembre
Frondes sans zone stipofrondale, chauffées	0,68	0,68

La température de 115-120° est indispensable ; en effet, des stipes de septembre qui n'avaient été portés qu'à 80°, ont donné par combustion le taux maximum 0,91, sensiblement égal au chiffre fourni par les tubes correspondants non chauffés (0,89) ; il semble donc que, aussi bien en tube fermé qu'en vase ouvert (dessiccation à l'étuve), une température insuffisamment élevée accélère le retour à la forme normale au lieu de l'empêcher.

Ces expériences sur les tubes de stipes chauffés et non chauffés nous ont permis de faire une constatation qui nous paraît fondamentale pour la recherche de la nature de l'iode dissimulé. Dans les trois cas où il n'y a pas stabilisation (stipes non chauffés avec ou sans zone stipofrondale, stipes chauffés sans zone stipofrondale), l'argent retient au cours de la combustion toujours une certaine quantité d'iode, et presque toujours une petite quantité d'étain, mais si peu que parfois on n'arrive pas à le déceler. Au contraire, dans le cas des stipes conservés avec la zone stipofrondale et stabilisés à 110°, on ne constate *jamais* la moindre trace d'iode sur l'argent tandis qu'il se dépose une quantité d'étain relativement considérable, puisqu'elle correspond, pour un seul tube (échantillon humide pesant de 20 à 30 grammes) à une augmentation de poids de 18 milligrammes. Ces chiffres ne peuvent malheureusement pas être utilisés pour faire un bilan, car l'amiante platinée du tube à combustion retient aussi des quantités non négligeables d'étain volatil, et l'établissement d'un pareil bilan nécessitera un travail préliminaire considérable pour mettre au point le dosage de l'étain volatil fixé par l'argent et le platine.

Nous n'insisterons pas davantage ici sur cette question, et nous exposerons dans le chapitre suivant la façon dont peuvent être interprétés, au point de vue de l'iode dissimulé, les faits qui viennent d'être exposés.

IIIe PARTIE

NATURE ET CARACTÈRES DE L'IODE DOSABLE ET DE L'IODE DISSIMULÉ

Il résulte des expériences et des observations qui viennent d'être décrites que :

1° l'iode total, contenu en un temps donné dans un organe de *L. flexicaulis* (fronde ou stipe), est la somme de deux quantités d'iode qui correspondent respectivement à deux formes en équilibre ; l'une de celles-ci a toutes les propriétés chimiques de l'iode ordinaire, tandis que l'autre n'en possède aucune ;

2° la forme dissimulée peut, dans des conditions déterminées, se transformer intégralement en forme ordinaire ; cette transformation est réversible sous la condition de non altération de la matière protoplasmique ;

3° le passage de la forme dissimulée à la forme normale s'effectue dans des rapports pondéraux constants.

Il est évident que la détermination de la forme de combinaison de l'iode normal doit précéder toute spéculation sur la nature de l'iode dissimulé. D'autre part, il y a lieu de rechercher ce que devient cet iode dissimulé lorsqu'il ne se transforme pas en iode normal.

1° *Forme de combinaison de l'iode normal.*

Certains auteurs considèrent l'iode des algues comme exclusivement organique ; d'autres comme exclusivement minéral ; d'autres encore, avec Mme Lemoine (1), admettent une association d'un iodure alcalin et de la matière protoplasmique. Nos expériences confirment cette dernière manière de voir ; toutefois nous faisons quelques réserves sur la nature du métal que nous pensons, pour des raisons d'ordre photochimique, être le sodium et non le potassium.

L'existence d'un complexe organique de l'iodure alcalin résulte déjà de la seule considération du phénomène biologique de concentration spécifique. La membrane cellulaire étant symétriquement perméable, l'iodure ne peut être retenu à l'intérieur que s'il forme avec l'un des constituants internes, une association vis-à-vis de laquelle la perméabilité de la paroi n'existe plus.

(1) *Bulletin de l'Institut océanographique*, n° 277, Monaco, 1913.

L'étude du phénomène inverse, c'est-à-dire de la *dialyse* du composé iodé vers l'extérieur, apporte une confirmation directe de l'existence du complexe en question. Voici les expériences que nous avons faites à ce sujet :

Après quelques essais peu nets effectués avec un dialysé d'algues et une membrane de collodion, nous avons étudié qualitativement et quantitativement la répartition de l'iode entre les tissus d'algue et l'eau de mer seule ou additionnée de chlorure de potassium.

A condition d'opérer sur des tissus frais, on constate que la dialyse de l'iode s'effectue très lentement au début et qu'au bout d'un temps assez long, elle est encore très incomplète. Ainsi, avec des stipes munis de la zone stipofrondale, au bout de 12 heures, en décembre 1923, il était impossible de déceler dans le liquide extérieur la plus petite trace d'iode ; avec les lames, dans le même temps, la quantité d'iode sortie est très faible. Si, maintenant, on introduit quelques centièmes de chlorure de potassium dans le liquide des mêmes échantillons, on constate déjà, au bout de deux heures, la sortie d'une quantité d'iode très appréciable. Il résulte de là que l'augmentation de la concentration saline extérieure en sel de potassium, qui tend à stabiliser la forme dissimulée de l'iode, favorise au contraire le dédoublement du complexe de l'iode normal. La déshydratation interne causée par cet excès de concentration saline agit donc en sens inverse sur les deux combinaisons.

Pour avoir une idée plus exacte du taux de partage de l'iodure entre les tissus et le liquide environnant, nous avons immergé des lames récoltées en février, dont nous connaissions le poids et l'humidité, dans des volumes connus d'eau de mer, en prenant la précaution de remplir les récipients jusqu'à affleurement, et de les fermer hermétiquement pour éviter toute fermentation aérobie. Après quinze jours, le liquide a été décanté, mesuré exactement et l'iode titré sur une partie aliquote ; en même temps, les tissus résiduaires ont été soumis à un bisulfitage complémentaire à chaud, et l'iode dosé comme d'habitude. De ce dernier résultat, on a défalqué bien entendu la quantité d'iode correspondant au liquide qui était resté dans les tissus. Les chiffres ci-dessous montrent que près des 3/5 de l'iode total sont restés combinés à la matière protoplasmique :

Titre des algues calculé d'après la teneur du liquide décanté. 0,25 %
Titre calculé d'après le bisulfitage complémentaire. . . . . . 0,66 %

Ceci n'est vrai qu'avec des algues fraîches. Au contraire, si les algues ont subi une altération un peu profonde, la dialyse de l'iodure est presque complète dans le même temps. C'est ce qui nous est arrivé avec un lot de *L. flexicaulis* expédié à Paris, et traité par conséquent trois jours après la récolte :

	Eau de mer		Eau de mer et KCl.	
Iode du dialysé	0,765	0,62	0,59	0,64
Iode total	0,84	0,685	0,64	0,67

La question qui se pose ensuite est celle de la nature de la partie minéale du complexe. L'existence de la forme iodure s'établit sans difficulté : les dialysés présentent en effet immédiatement tous les caractères analytiques des iodures ordinaires, à l'exclusion des iodates et periodates qui paraissent au contraire exister chez les *L. Cloustonii*, du moins dans les tissus anciens. En revanche, il n'est pas possible de déterminer d'une façon certaine, quel est le métal qui est combiné à l'iode. En effet, dès qu'on cherche à isoler cet iodure, on obtient soit après incinération, soit par dialyse, une solution renfermant un mélange de sels qui ne correspond plus aux associations existant dans les tissus de l'algue ; on peut cependant déduire de la stabilité de ces solutions, tant à l'évaporation qu'à la calcination, qu'on se trouve en présence d'un iodure alcalin, et non d'un iodure de calcium ou de magnésium, car ceux-ci perdraient dans l'un et l'autre cas une partie très notable de leur iode. L'existence d'un iodure alcalin est confirmée par un essai, d'ailleurs imparfait, d'extraction de l'iodure seul par l'alcool absolu ; en faisant agir à froid ce solvant sur des algues desséchées très lentement et régulièrement, on pouvait espérer ne dissoudre que les iodures et les bromures alcalins, ceux-ci existant d'ailleurs en quantité très faible par rapport aux premiers. L'extrait alcoolique filtré a été évaporé, le résidu oxydé par l'acide nitrique pour éliminer l'iode, puis évaporé plusieurs fois avec de l'acide chlorhydrique pour transformer tous les métaux en chlorures ; le résidu, repris par un peu d'eau, a été d'abord examiné au point de vue des métaux lourds, terreux et alcalino-terreux et du magnésium ; la recherche a été négative. Ensuite, la solution aqueuse concentrée a été saturée de gaz chlorhydrique, de façon à précipiter tout le sodium et une partie du potassium. Après essorage et lavage à l'alcool, le potassium a été dosé à l'état de chloroplatinate dans une partie aliquote du précipité ; quant au liquide, après élimination de l'alcool, il a été également précipité par un excès de chlorure de platine, et le chloroplatinate, après pesée, fractionné par cristallisation dans l'eau. Nous avons pu retirer ainsi une petite quantité (0 gr. 35) de chloroplatinate de rubidium qui a été caractérisé par sa solubilité et par un dosage de platine (34,36 au lieu de 33,70). La présence du césium signalée par certains auteurs est, en tous cas, douteuse. Les quantités de sodium et de potassium sont très inégales : sur 9 gr. 2 de chlorures mélangés, nous avons trouvé environ 0,96 gr. de KCl. Or, la quantité d'iode correspondant aux algues traitées était d'environ 2 gr. 5. Si donc la quantité de rubidium, notoirement insuffisante, permet d'éliminer la possibilité de l'existence de RbI, on ne peut pas admettre la présence d'iodure de sodium plutôt que celle de l'iodure de potassium, malgré le fort excès du premier métal par rapport au second.

Quelle est maintenant la matière organique qui constitue la deuxième partie du complexe ? Les relations existant entre les teneurs en algine et en iode, d'une part, l'absence d'algine qui est remplacée par la fucine chez les algues pauvres en iode, d'autre part, nous ont conduits à admettre que c'est l'algine qui est douée de la faculté de former un complexe avec l'iodure alcalin.

La constitution de l'algine, abordée par Kylin, puis par Schmiedeberg, est loin d'être éclaircie ; nous l'avons fait progresser quelque peu, mais la question de l'iode nous a obligés à l'abandonner pour un certain temps.

Nous avons néanmoins de fortes raisons de considérer l'algine comme un glucoprotéide constitué par un pivot azoté sur lequel est fixé un groupement prostétique formé d'un certain nombre de chaînons du type hydrates de carbone à fonctions acides plus ou moins lactonisées ou salifiées ; les chaînons qui sont de 13 atomes de carbone, sont unis par des liaisons semi-acétaliques ou glucosidiques ; le dernier chaînon, qui paraît plus oxydé et qui peut être détaché facilement par le bisulfite de chaux faible, a la formule $C^{13} H^{20} O^{14}$; il renferme deux fonctions acides, n'est pas réducteur vis-à-vis du nitrate d'argent, et perd facilement par oxydation une molécule d'acide oxalique. Le reste du groupement prostétique paraît répondre à la formule $(C^{13} H^{20} O^{13})$, et fournit par hydrolyse acide des produits aldéhydiques ou cétoniques ; on peut le détacher facilement du pivot azoté par traitement des algues bisulfitées par les carbonates alcalins, froids ou chauds, qui le dissolvent ; il renferme donc encore des fonctions acides. Enfin, le pivot azoté qui reste inclus dans les membranes cellulosiques, fournit par hydrolyse ménagée (eau sous pression), un corps soluble dans l'eau, les acides et les alcalis. Ce composé est doté vraisemblablement d'une fonction bétaïnique ou lactamique ; de plus, lorsqu'on chauffe le résidu cellulosique vers 300° avec de la chaux, on obtient entre autres produits un dérivé pyrrolidonique tertiaire, non benzoylable, de formule $C^{13} H^{19} ON$, qui peut être également hydrolysé par les alcalis à chaud. Donc le pivot de l'algine renferme un groupement azoté et une fonction lactonique et lactamique hydrolysable avec libération d'un carboxyle. La réaction inverse, c'est-à-dire la fermeture de la liaison lactonique ou lactamique peut être réalisée presque aussi facilement que son ouverture.

Nous pensons que c'est par l'ensemble de ces groupements fonctionnels que l'algine intervient dans la formation du complexe. On sait en effet que les iodures alcalins et surtout l'iodure de sodium s'hydrolysent en solution aqueuse :

$$NaI + H^2O \rightleftharpoons NaOH + HI$$

Si la solution est exposée à la lumière, elle se colore très rapidement en brun par suite d'une oxydation à l'air, et si on agite la solution avec du tétrachlorure de carbone, on peut, après décantation, déterminer le degré d'hydrolyse ; l'hydrolyse est limitée dans ces conditions par la libération d'une certaine quantité de soude, mais on conçoit qu'elle puisse être totale en présence d'un corps à fonction lactonique ou lactamique, capable de saturer progressivement l'alcali. Des expériences sont en cours avec la valérolactone et avec divers produits azotés. Il est donc rationnel de se figurer la formation du complexe comme résultant de la fixation sur l'algine des produits d'hydrolyse de l'iodure alcalin, l'alcali salifiant le groupe acide, l'acide iodhydrique se fixant sur l'atome d'azote. Un pareil complexe serait susceptible de reproduire, sous des influences peu énergiques (variations de température, de pH, d'hydratation, etc.), les deux constituants primitifs, l'iodure régénéré dialysant au fur et à mesure dans la mer à travers la paroi cellulaire. Le rôle fondamental de l'azote protoplasmique, mis en évidence par nos expériences de mai 1924, est un argument sérieux en faveur de cette conception du complexe algine-iodure alcalin.

2° Caractères et produits de transformation de l'iode dissimulé.

Si l'expérience apporte des indications assez nettes sur la nature de l'iode normal, on ne peut pas en dire autant de l'iode dissimulé. Les seuls faits indiscutables sont la non obtention d'iode dans les conditions où l'iode ordinaire apparaît intégralement, et la transformation réversible des deux formes l'une dans l'autre.

Cette réversibilité exclut déjà toute manifestation de radio-activité (1), d'ailleurs incompatible avec l'ordre de grandeur des mouvements d'énergie qui caractérisent les phénomènes biologiques. Il fallait donc chercher une autre explication.

C'est encore une expérience analytique qui nous a amenés à donner une forme concrète à l'hypothèse suggérée par M. Debierne, d'une isomérisation intra-atomique, c'est-à-dire d'un changement dans le mode de distribution des charges nucléaires positives et des électrons, sans émission de particules α ou β. Rappelons encore une fois le résultat de cette expérience qui a été répétée dans la mesure de nos possibilités.

Lorsqu'on stabilise par chauffage brusque à 110-120° un échantillon de stipe muni de la zone stipo-frondale, et qu'on soumet ce stipe à l'analyse par combustion, on obtient un chiffre d'iode (0,58 %), très inférieur à celui (1 à 1,1 %) obtenu avec les mêmes stipes dans toutes autres conditions. De plus, on ne retrouve sur la toile d'argent aucune trace d'iode volatil ; en revanche, le poids de cette toile a augmenté d'une quantité notable (18 milligrammes), et le dépôt est constitué, en partie, sinon en totalité par de l'étain combiné probablement à l'argent. La combustion des algues fournit d'ailleurs, surtout en été et en automne, toujours de l'étain volatil, tandis que les cendres n'en contiennent que des traces.

Or, le composé d'étain volatil qui est arrêté, d'ailleurs partiellement aussi par l'amiante platinée, présente un certain nombre des caractères de l'hydrure d'étain $Sn\ H^4$ étudié successivement par Kastner (2), par Vaubel (3) et enfin par Paneth (4). Ce dernier travail surtout, a contri-

(1) Un essai préliminaire a été fait par M. Debierne, qui a examiné à ce point de vue les cendres d'algues avec un résultat négatif.

(2) *Arch. f. die ges. Naturlehre*, t. 19, p. 423 (1830).

(3) *D. Ch. G.*, t. 57, p. 515.

(4) *D. Ch. G.*, t. 57, p. 1877, 1891.

bué à faciliter nos recherches qui ont abouti en somme aux conclusions pratiques et théoriques suivantes :

L'hydrure d'étain est un produit normal de la décomposition brutale du complexe iodé des algues ; il est donc en relation intime avec l'iode dissimulé, mais lorsqu'il s'est formé à partir de ce dernier, tout phénomène de réversibilité disparaît.

Pour donner à cette interprétation une expression atomistique, on pourrait admettre par exemple que l'iode dissimulé soit un étain isotope de poids atomique 127, stable seulement à l'état d'hydrure Sn H et lorsqu'il est fixé sur l'azote protoplasmique ; il constitue alors la deuxième phase d'un système d'équilibre qu'on peut représenter ainsi :

$$(Q) \quad \equiv N{<}^{I}_{H} \rightleftharpoons \equiv N{<}^{Sn\ 127}_{H} \quad (Q')$$

Par chauffage brusque, cette deuxième phase, au lieu de retourner au type iode normal, se dissocierait et par une sorte de cracking interne, donnerait naissance à l'hydrure $Sn\,H^4$ (1), dérivé de l'étain 124 qui est stable et connu. En fin de compte, il y aurait isomérisation de la molécule $HI = 128$ en la molécule $Sn\,H^4 = 128$.

Cette interprétation nous semble actuellement la seule rationnelle. Elle sera soumise, dès que possible, à une première vérification qui consistera dans la détermination du poids atomique de l'étain des algues. Mais cette détermination exigera une centaine de combustions, car à l'incinération, presque tout l'étain étant volatilisé, le traitement des cendres n'est pas rémunérateur. Il nous faudra donc plusieurs mois pour achever ce travail. En attendant, nous allons exposer quelques arguments de divers ordres qui nous paraissent justifier l'hypothèse ci-dessus énoncée.

Propriétés photochimiques de l'association iode-étain-sodium. — L'iodure stanneux, préparé par double décomposition entre le chlorure stanneux et un iodure alcalin, est doué de propriétés photochimiques remarquables, qui dépendent essentiellement de la nature de l'iodure alcalin employé. Les observations préliminaires relatives à l'action de la lumière solaire ont été publiées récemment (2) ; nous allons les résumer ici sommairement :

Le produit obtenu en mélangeant des solutions équimoléculaires de chlorure stanneux et d'un iodure alcalin est constitué par un équilibre labile de deux sels, l'un rouge, l'autre jaune, susceptibles de se transformer l'un dans l'autre soit par addition d'un excès de l'un des réactifs, soit par action des radiations solaires ; dans ce dernier cas, la transformation inverse, c'est-à-dire le retour à l'état initial se produit lorsque les radiations ont cessé d'agir, par exemple pendant la nuit.

La nature du métal de l'iodure modifie, comme nous l'avons dit, l'allure du phénomène. Non seulement, la couleur des produits est inversée, toutes choses égales d'ailleurs, lorsqu'on substitue l'iodure de sodium à l'iodure de

(1) L'hydrure d'étain des algues ne paraît pas toxique.
(2) *Compte-rendus* (1924), t. 179, p. 1049.

potassium, mais l'oxydation par l'air des équilibres sodique et potassique a lieu dans des sens différents.

Dans le cas du produit potassique en effet, on constate une disparition progressive des cristaux et un brunissement de la liqueur qui finit par contenir de l'iode libre ; cette transformation a lieu très rapidement si l'échantillon est soumis aux oscillations diurnes et nocturnes, lentement si on le conserve à la lumière diffuse. Avec le produit sodique, au contraire, l'oxydation spontanée ne fournit jamais d'iode, mais seulement de l'étain stannique. C'est cette différence qui nous a fait admettre l'intervention de l'iodure de sodium dans le complexe des algues.

Voici maintenant quelques observations communes aux deux séries de sels qui rappellent dans une certaine mesure les phénomènes signalés chez les *L. flexicaulis* :

L'action de la chaleur (température du bain-marie), stabilise temporairement l'une des formes (le sel rouge potassique et le sel jaune sodique) ; après refroidissement, le retour à la forme stable dans les conditions initiales de température et de lumière devient extrêmement lent.

L'introduction dans le mélange d'une trace d'un composé azoté (pyridine, dérivé pyrrolique) provoque aussi une stabilisation, en ce sens que la couleur des cristaux n'est plus modifiable, ni par la lumière, ni par la chaleur, ni par l'addition d'un excès de réactif. Toutefois on observe à la lumière diffuse une transformation lente dont les termes n'ont pas encore été étudiés.

Loin de nous la pensée d'assimiler ces phénomènes qui se manifestent chez des sels simples ou doubles ionisés à ceux qui se passent dans les complexes colloïdaux des algues. Mais nous sommes convaincus que les propriétés photochimiques de l'association iode-étain-sodium jouent un rôle fondamental dans les variations de l'équilibre iode dissimulé — iode normal. Conformément à une idée déjà émise, l'action de la lumière sur un corps tel que l'iode ou sur son association avec l'étain et le sodium, provoque une déformation de la couche électronique périphérique qui se traduit en l'absence de matière azotée, non seulement par du phototropisme, mais aussi par une modification des propriétés chimiques relevant des électrons externes. Lorsque ceux-ci sont immobilisés par suite de leur liaison avec l'azote, la déformation apporte dans les couches profondes un déséquilibre qui pourrait entraîner un changement dans la répartition des particules et des électrons internes ; l'édifice atomique interne de l'iode serait ainsi progressivement modifié et se rapprocherait de celui de l'étain. La déformation cessant, il y aurait retour spontané à la forme primitive du complexe, l'ensemble du système conservant toujours les propriétés photochimiques caractéristiques de l'association iode-étain-sodium. Cette interprétation fournirait, comme on va le voir, une explication rationnelle du taux d'équilibre du cycle et du rôle de l'iode chez les *L. flexicaulis*.

Taux d'équilibre. — D'après ce qui précède, le taux d'iode total des tissus correspondrait à chaque instant à la somme $Q + Q'$ de l'iode réel et de l'iode dissimulé associés au même complexe organique dans le système représenté plus haut (p. 48).

Or on constate qu'en dehors de la période de sporulation, la quantité Q + Q' est assez constante et indépendante de la saison pour une même région, c'est-à-dire dans des conditions déterminées de salinité, de température, ou si l'on veut de régime hydrographique. Cette constance nous paraît devoir être rapportée à la constance du taux cellulaire de matière protoplasmique, d'algine dans le cas particulier. En revanche, le rapport Q' : Q varie avec la saison, c'est-à-dire avec l'activité végétative de l'individu ; il est maximum avant les périodes de repousse et de sporulation ; il tend à s'annuler pendant ces périodes. Ceci est en parfait accord avec les observations relatées dans la deuxième partie de ce mémoire.

Reste maintenant à examiner ce qui se passe pendant la période de sporulation lorsque celle-ci s'effectue normalement. Nous avons vu que, à mesure qu'on s'approche de cette période qui suit les époques d'insolation maxima, la quantité d'iode totale qu'on trouve dans les frondes augmente au delà du taux d'équilibre jusqu'à atteindre une fois et demie cette valeur ; lorsque la sporulation est achevée, on retombe progressivement sur la teneur primitive. Remarquons ici que la stabilité de l'iode dissimulé, durant la sporulation, est beaucoup plus grande qu'en toute autre saison ; en outre, c'est à cette époque que la combustion des lames donne le plus d'étain volatil.

Si l'on rapproche ces faits des propriétés photochimiques du système iode-étain-sodium, on est conduit tout naturellement à admettre que peu à peu, et sous l'influence des balancements diurnes et nocturnes dont l'effet est plus intense en été, une partie de l'étain sort de l'équilibre en passant à l'état stannique ; l'équilibre de saturation de l'azote alginique étant ainsi détruit, automatiquement, une partie de la phase iodée repasse à l'état de phase étain, et automatiquement aussi, une nouvelle quantité d'iodure alcalin passe de la mer dans les tissus pour y être hydrolysée et rétablir ainsi l'équilibre initial de façon que la somme Q + Q' reste constante.

A la fin de la sporulation, on observe dans les années normales que la pigmentation brune des lames de *L. flexicaulis* s'atténue et que celles-ci subissent un verdissement général. Ce changement d'aspect est corrélatif d'une réduction qu'on observe aussi par l'immersion dans le bisulfite de chaux. L'étain stannique rentre donc peu à peu dans l'équilibre primitif, et comme le taux d'algine qui détermine la valeur de Q + Q' est limité, progressivement, il y a libération d'acide iodhydrique, puis régénération d'iodure de sodium qui dialyse alors librement dans la mer de sorte que la valeur primitive Q + Q' coïncide de nouveau avec le taux d'iode total.

Tous ceux qui ont eu l'occasion de se trouver en été, au moment des basses mers dans les régions où celles-ci coïncident avec le milieu de la journée, au milieu d'un champ de Laminaires soumis à une insolation intense, ont été frappés de l'odeur pénétrante et suffocante qui s'en dégage la même observation s'applique aux pièces closes dans lesquelles on suspend, par temps sec et chaud, les récoltes de *L. flexicaulis* riches en iode. Cette odeur âcre ne correspond pas à la volatilisation d'un produit iodé ; nous avons toute raison de supposer qu'elle est due à l'hydrure d'étain, et nous tâcherons de le vérifier directement. En tous cas, ce phénomène coïncide avec la diminution du taux d'iode total signalée antérieurement (p. 30).

Il résulte de là que la réversibilité apparente de l'accroissement spontané de l'iode réel, qui nous paraissait absolument anormale au point de vue biologique, résulte au contraire d'un phénomène d'équilibre auquel les processus vitaux ne participent nullement ; ils se produisent après la mort des tissus et diffèrent essentiellement de l'accumulation de la forme de réserve, qui se traduit par une augmentation du rapport Q' : Q, et qui n'a lieu que dans l'algue vivante.

La notion de l'équilibre iode-étain (127) fournit aussi une explication fort simple de toutes les variations du taux d'iode qui se produisent sous l'influence de la chaleur, de l'autolyse spontanée et des réactifs chimiques. En particulier, les expériences de mars et de mai, s'interprètent immédiatement comme une conséquence du maintien ou de la destruction chimique ou diastasique plus ou moins rapide du complexe azoté ; de là, la différence de vitesse d'accroissement de l'iode normal dans les différents milieux ; de là aussi la stabilisation par dessiccation rapide à 105° qui réalise une coagulation ou une immobilisation temporaire du complexe protoplasmique ; de là enfin, l'influence stabilisatrice, et en quelque sorte paralysante du produit volatil émané de la zone stipo-frondale dont nous ignorons la nature intime, mais dont les effets se manifestent aussi bien dans les algues vivantes que dans les échantillons stabilisés.

Cycle et rôle de l'iode. — Les recherches d'A. Gautier ont montré que dans la mer l'iode n'existe pas à l'état de combinaison exclusivement minérale libre (iodure ou iodate), mais qu'il s'y trouve pour une faible partie dans le plankton visible et séparable par filtration, et pour la majeure partie à l'état de combinaison colloïdale ou de pseudo-solution filtrable à travers une bougie. Il est infiniment probable que cet iode qui est aussi à l'état d'iodure, forme un complexe avec la matière protoplasmique diffuse, avec ce qu'on pourrait appeler le plankton soluble.

Rappelons en passant que le plankton marin descend pendant le jour à une certaine profondeur et remonte à la surface pendant la nuit. Il ne serait pas absurde de penser que ces montées et ces descentes fussent la conséquence automatique d'une variation de densité qui résulterait elle-même d'une isomérisation de l'iode sous l'influence des radiations solaires, analogue ou identique à celle qui se produit dans les tissus des algues.

D'autre part, une caractéristique des composés iodés et surtout des iodures, même à l'état de complexes organiques, est leur mobilité et leur diffusibilité. On peut se demander si cette mobilité ne faciliterait pas le passage du complexe plankton-iodure à travers les parois cellulaires des algues, l'iodure étant éliminé par dialyse ou participant à la formation du complexe, et le plankton étant assimilé par la matière protoplasmique pour contribuer à la constitution de certains tissus qui ne relèvent que partiellement ou pas du tout de l'assimilation chlorophylienne. Les algues seraient donc, en partie du moins, des végétaux hétérotrophes. En second lieu, le rôle de réserve d'énergie que nous avons toujours attribué à l'iode pourrait être interprété de la façon suivante : Si l'on admet que l'énergie électromagnétique des radiations solaires, provoque des déplacements réversibles d'électrons internes, réciproquement, le retour à leurs orbites primitives de ces électrons doit produire la restitution de l'énergie électromagnétique ; cette énergie pourrait être utilisée pour favoriser la fonction chlorophyllienne lorsque les radiations solaires font défaut ou sont insuffisantes.

Les oscillations de période diurne et nocturne donneraient donc aux phénomènes d'échange liés à la transformation du complexe iodé l'allure d'un phénomène respiratoire, et le complexe lui-même fonctionnerait comme un pigment, c'est-à-dire comme un résonnateur et comme un diélectrique photochimique, créé par les radiations solaires à partir des produits de concentration spécifique et fonctionnant par utilisation directe de ces radiations ; on entrevoit ici de suite l'intervention dans ce fonctionnement, des notions d'intensité et de phase déterminées par la saison et qui sont en relation directe avec le déclanchement, l'accélération, le ralentissement et l'arrêt de l'évolution biologique.

Enfin, on peut encore concevoir comme se rattachant au rôle de l'iode, l'accumulation d'un excédent d'étain oxydé dans les frondes à l'époque de la sporulation. Il est en effet possible que cette accumulation constitue une réserve d'oxygène utilisable par les spores au moment de leur libération.

Soit par dialyse, soit par usure des tissus, le cycle de l'iode se continue par le retour à la mer sous forme d'iodure, mais celui-ci est capté dès sa sortie des tissus de l'algue par la matière protoplasmique diffuse, pour rentrer ensuite dans un cycle analogue, ou pour participer au contraire à une autre série de transformations dont le siège sera l'un des nombreux organismes marins dans la vie desquels l'iode joue un rôle prépondérant.

Comme nous le disions au début de ce Mémoire, bien que ces considérations soient issues d'analyses indiscutables, d'observations exactes et de principes biologiques généralement admis, elles ne sont encore que des hypothèses, et on peut tout au moins les qualifier de simplistes. Mais lorsqu'on se trouve en présence d'un fait comme la dissimulation de l'iode dans les algues, qui paraît absolument nouveau, il est indispensable d'être orienté par une hypothèse à condition, bien entendu, d'abandonner la piste suivie dès qu'il devient certain qu'elle n'aboutit à rien. Et si cette étude doit être poursuivie et achevée par d'autres, la publication de nos analyses, de nos observations et de nos idées n'aura certainement pas été inutile.

IMP. ED. BLONDEL LA ROUGERY
SOCIÉTÉ ANONYME — PARIS.

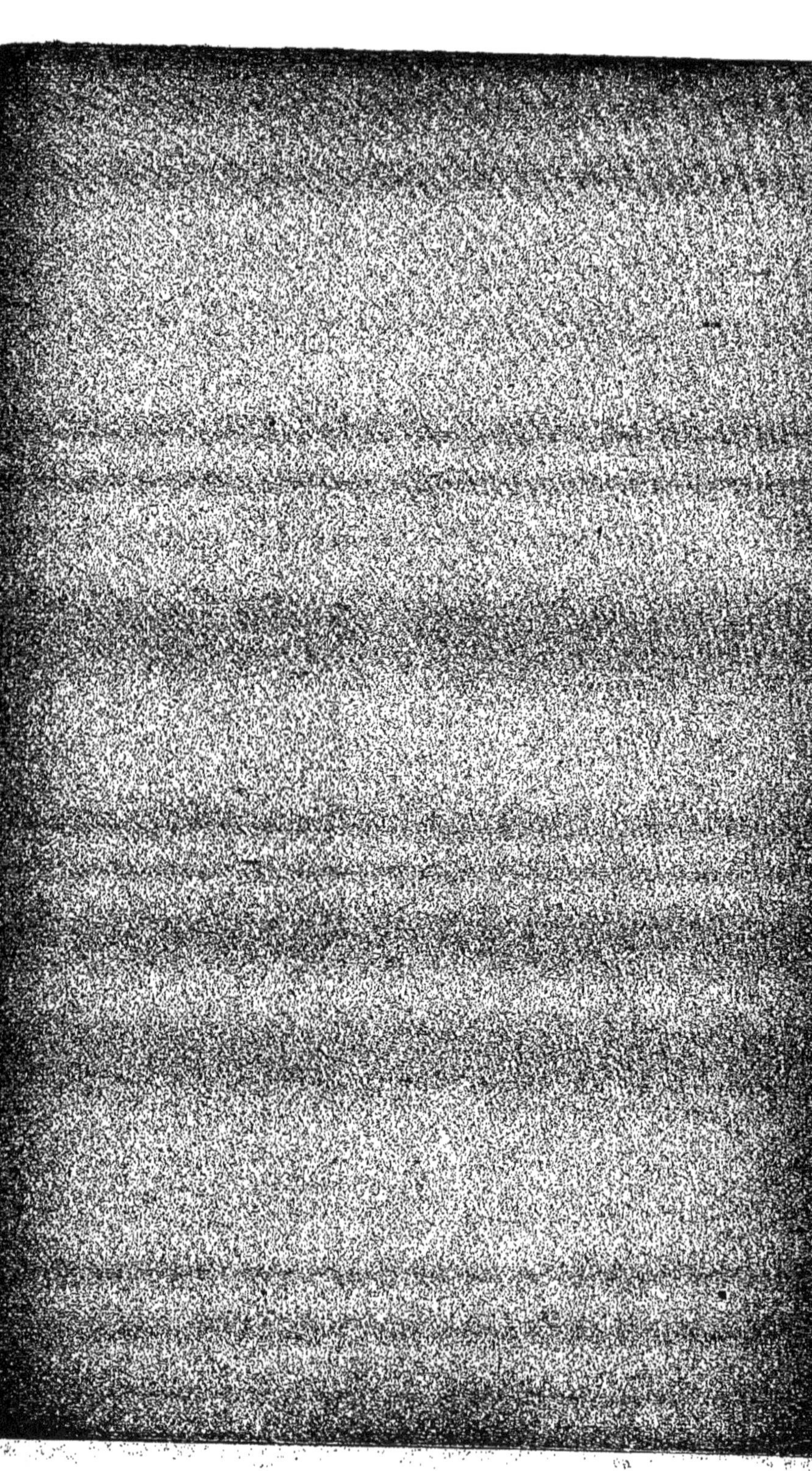

www.ingramcontent.com/pod-product-compliance
Ingram Content Group UK Ltd.
Pitfield, Milton Keynes, MK11 3LW, UK
UKHW021508260726
13993UKWH00004B/1609

9 782329 205878